“十四五”职业教育国家规划教材

中等职业教育“一体化”教材

工程材料及检测

张　晖　主　编

黄建萍　黄　薇　主　审

中国铁道出版社有限公司

2023年·北　京

内 容 简 介

本书为中等职业教育"一体化"教材。根据学习内容不同教材分为四个学习模块，第一个学习模块为工程材料认知，主要使学生了解工程材料的定义、分类、技术标准识读等，同时要求掌握工程材料检测的数据统计和数据处理相关知识；第二、三、四个学习模块分别为水泥砂浆检测、钢筋混凝土检测和石油沥青检测。每个学习模块又分为若干个学习项目，学习项目再根据需要下设子项目。

本书为中等职业学校土建工程检测专业、材料管理专业等土木类相关专业的教学用书。

图书在版编目(CIP)数据

工程材料及检测/张晖主编. —北京：中国铁道出版社，2018. 3(2023. 8 重印)
中等职业教育"一体化"教材
ISBN 978-7-113-24256-5

Ⅰ. ①工… Ⅱ. ①张… Ⅲ. ①工程材料-检测-中等专业学校-教材 Ⅳ. ①TB302

中国版本图书馆 CIP 数据核字(2018)第 016074 号

书　　名： 工程材料及检测
作　　者： 张　晖

策　　划： 陈美玲
责任编辑： 陈美玲　　**编辑部电话：**(010)51873240　　**电子邮箱：**992462528@qq. com
封面设计： 王镜夷
责任校对： 王　杰
责任印制： 赵星辰

出版发行： 中国铁道出版社有限公司(100054，北京市西城区右安门西街 8 号)
网　　址： http://www. tdpress. com
印　　刷： 北京联兴盛业印刷股份有限公司
版　　次： 2018 年 3 月第 1 版　2023 年 8 月第 3 次印刷
开　　本： 787 mm×1 092 mm　1/16　**印张：** 13. 25　**字数：** 340 千
书　　号： ISBN 978-7-113-24256-5
定　　价： 36. 00 元

中等职业教育“一体化”教材
改革开发编写委员会

主　　任　陈　瑞

副 主 任　黄建萍

编审人员

主　　编　张　晖

参　　编　陈荐芳　罗　晓　王　丽

摄　　影　邓彩元

主　　审　黄建萍　黄　薇

前　言

“工程材料及检测”作为中等职业学校土建工程检测专业、材料管理专业的专业技能课,在教学过程中尤其重要。贵阳铁路工程学校根据教育部职教中心的要求,基于一体化课程教学改革的思路,推进以职业活动为导向,以校企合作为基础,结合现代学徒制的教学模式,以综合职业能力培养为核心,并以理念教学与技能操作融会贯通的一体化课程教学改革为前提,编写了此教材。教材的编写力求体现中等职业教育的特色,即以职业技能为基础的职业能力教育,促进职业教育从知识教育向能力培养转变,努力实现“教、学、做”融为一体,让学生掌握最基本的材料知识,熟练掌握工程材料常规项目检测的专业技能。编写的同时,得到学校和相关老师的大力支持,配合教材拍摄了大量的试验照片、视频。

本教材不仅在形式上打破了传统教材的编写模式,而且突破了传统教材的结构体例。本课程学习的内容较多,教材根据学习内容不同分为四个学习模块,第一个学习模块工程材料认知主要使学生了解工程材料的定义、分类、技术标准识读等,同时要求掌握工程材料检测的数据统计和数据处理方法;第二、三、四个学习模块分别为水泥砂浆、钢筋混凝土和石油沥青检测,每个学习模块又分为若干个学习项目,学习项目再根据需要下设子项目。本书编写力求以适用、够用为原则,基本上包括了工程中常用的工程材料(除土工外)及其检测方法,图文并茂,浅显易懂,在对各种材料掌握相关知识及使用技能的同时也进行学生自评、互评和老师总评,以提高学生的学习热情和沟通协调组织等综合素质。在教学上,对教师要求全面掌握材料知识,能迅速回答学生提出的问题并扩充知识点;对学生可将全班分成若干小组参与讨论学习、试验与评价,并利用互联网、多媒体等先进教学手段,查阅相关知识点,使学生易学、易懂、易操作,真正实现培养应用型、技能型和综合型的专业人才目标。

本书在编写过程中,书中很多内容没有直接给出答案,而是在授课和学习过程中,根据老师引导,学生需要查阅大量参考资料,自主寻求答案,达到自主学习、一体化教学的目的。

本书由贵阳铁路工程学校张晖主编，贵阳铁路工程学校黄建萍、黄薇主审。具体编写分工如下：贵阳铁路工程学校陈荐芳、罗晓、王丽编写了学习模块一，张晖编写了学习模块二、三，张晖、陈荐芳编写了学习模块四。书中图片和视频由贵阳铁路工程学校邓彩元、陈荐芳拍摄，王丽、张晖、罗晓负责编辑。

由于时间仓促，编者水平及编写人员有限，编写模式变动大，书中难免有不足之处，恳请读者批评、指正。

编　者
2017年10月

课 时 建 议 表

<table>
<tr><th colspan="3">学 习 内 容</th><th>子项目课时</th><th>项目课时</th><th>模块课时</th><th>课程总课时</th></tr>
<tr><td rowspan="4">学习模块一 工程材料认知</td><td colspan="2">学习项目一　工程材料的定义及分类</td><td rowspan="4"></td><td>2</td><td rowspan="4">12</td><td rowspan="31">260</td></tr>
<tr><td colspan="2">学习项目二　工程材料的技术标准</td><td>2</td></tr>
<tr><td colspan="2">学习项目三　工程材料试验数据常用的统计分析方法</td><td>4</td></tr>
<tr><td colspan="2">学习项目四　有效数字及其数值修约</td><td>4</td></tr>
<tr><td rowspan="19">学习模块二 水泥砂浆及其检测</td><td rowspan="8">学习项目一 水泥技术性能检测</td><td>子项目1　明确工作任务</td><td>10</td><td rowspan="8">56</td><td rowspan="19">120</td></tr>
<tr><td>子项目2　水泥细度试验</td><td>4</td></tr>
<tr><td>子项目3　水泥标准稠度用水量试验</td><td>6</td></tr>
<tr><td>子项目4　水泥凝结时间试验</td><td>8</td></tr>
<tr><td>子项目5　水泥安定性试验</td><td>8</td></tr>
<tr><td>子项目6　水泥胶砂流动度试验</td><td>6</td></tr>
<tr><td>子项目7　水泥胶砂强度试验</td><td>8</td></tr>
<tr><td>子项目8　水泥检测项目的总结与评价</td><td>4</td></tr>
<tr><td rowspan="6">学习项目二 细集料技术性能检测</td><td>子项目1　明确工作任务</td><td>8</td><td rowspan="6">34</td></tr>
<tr><td>子项目2　细集料表观密度试验</td><td>6</td></tr>
<tr><td>子项目3　细集料堆积密度与紧装密度试验</td><td>4</td></tr>
<tr><td>子项目4　细集料筛分析试验</td><td>8</td></tr>
<tr><td>子项目5　细集料含泥量与泥块含量试验</td><td>4</td></tr>
<tr><td>子项目6　细集料检测项目的总结与评价</td><td>4</td></tr>
<tr><td rowspan="5">学习项目三 水泥砂浆技术性能检测</td><td>子项目1　明确工作任务</td><td>10</td><td rowspan="5">30</td></tr>
<tr><td>子项目2　水泥砂浆稠度试验</td><td>4</td></tr>
<tr><td>子项目3　水泥砂浆分层度试验</td><td>4</td></tr>
<tr><td>子项目4　水泥砂浆抗压强度试验</td><td>8</td></tr>
<tr><td>子项目5　水泥砂浆检测项目的总结与评价</td><td>4</td></tr>
<tr><td rowspan="8">学习模块三 钢筋混凝土检测</td><td rowspan="8">学习项目一 粗集料技术性能检测</td><td>子项目1　明确工作任务</td><td>8</td><td rowspan="8">34</td><td rowspan="8"></td></tr>
<tr><td>子项目2　粗集料表观密度试验</td><td>4</td></tr>
<tr><td>子项目3　粗集料堆积密度与紧装密度试验</td><td>2</td></tr>
<tr><td>子项目4　粗集料筛分析试验</td><td>6</td></tr>
<tr><td>子项目5　粗集料含泥量与泥块含量试验</td><td>2</td></tr>
<tr><td>子项目6　粗集料针片状颗粒含量试验</td><td>4</td></tr>
<tr><td>子项目7　粗集料压碎值指标试验</td><td>4</td></tr>
<tr><td>子项目8　粗集料检测项目的总结与评价</td><td>4</td></tr>
</table>

续上表

学习内容			子项目课时	项目课时	模块课时	课程总课时
学习模块三 钢筋混凝土检测	学习项目二 建筑钢材技术性能检测	子项目1　明确工作任务	20	34	102	260
		子项目2　钢筋拉伸试验	4			
		子项目3　钢材硬度试验	6			
		子项目4　建筑钢材检测项目的总结与评价	4			
	学习项目三 水泥混凝土配合比设计及主要技术性能检测	子项目1　明确工作任务	20	34		
		子项目2　水泥混凝土拌和物工作性试验	4			
		子项目3　水泥混凝土抗压强度试验	6			
		子项目4　水泥混凝土配合比设计及检测项目的总结与评价	4			
学习模块四 石油沥青检测	学习项目一　明确工作任务			10	26	
	学习项目二　沥青针入度试验前的准备、试验及报告完成			4		
	学习项目三　沥青延度试验前的准备、试验及报告完成			4		
	学习项目四　沥青软化点试验前的准备、试验及报告完成			4		
	学习项目五　石油沥青检测项目的总结与评价			4		

目　录

学习模块一　工程材料认知

目标要求

1. 能通过阅读情景描述认识工程材料，掌握其分类及用途。
2. 掌握工程材料的定义和分类。
3. 识读各级各类技术标准。
4. 掌握材料检测的基本统计方法及数据处理。

情境描述

同学们，欢迎你们来到工程材料的世界。在这里，我们将学到土木工程中常见的工程材料知识，掌握材料的常规检测方法及其应用。那么，什么是工程材料呢？让我们来一起发现它们。

教学楼作为学校的一项建筑工程，我们坐在这宽敞明亮的教室里，大家环顾四周，看看都用了哪些工程材料？推而广之，想一想我们生活的环境里还有其他哪些工程材料呢？如何评价材料的质量呢？

学习流程与活动

1. 工程材料的定义和分类。
2. 工程材料的技术标准。
3. 工程材料试验数据常用的统计分析方法。
4. 有效数字及其数值修约。

学习项目一　工程材料的定义和分类

一、定义

工程材料是指在土木建筑工程中所使用的各种材料及其制品的总称。

二、分类

通常按材料的化学成分和使用功能分为两类。

1. 化学成分分类

根据材料的化学成分，可分为有机材料、无机材料以及复合材料三大类，如表1.1所示。

表 1.1　工程材料的分类

<table>
<tr><th colspan="3">分　类</th><th>实　例</th></tr>
<tr><td rowspan="7">无机材料</td><td rowspan="2">金属材料</td><td>黑色金属</td><td>钢板、合金、合金钢、不锈钢等</td></tr>
<tr><td>有色金属</td><td>铝、铜、铝合金等</td></tr>
<tr><td rowspan="5">非金属材料</td><td>天然石材</td><td>砂、石及石材制品</td></tr>
<tr><td>烧土制品</td><td>黏土砖、瓦、陶瓷制品等</td></tr>
<tr><td>胶凝材料及制品</td><td>石灰、石膏及制品、水泥及混凝土制品等</td></tr>
<tr><td>玻璃</td><td>普遍平板玻璃、特种玻璃等</td></tr>
<tr><td>无机纤维材料</td><td>玻璃纤维、矿物棉等</td></tr>
<tr><td rowspan="3">有机材料</td><td colspan="2">植物材料</td><td>木材、竹材、植物纤维及制品等</td></tr>
<tr><td colspan="2">沥青材料</td><td>煤沥青、石油沥青及其制品等</td></tr>
<tr><td colspan="2">合成高分子材料</td><td>塑料、涂料、胶粘剂、合成橡胶等</td></tr>
<tr><td rowspan="3">复合材料</td><td colspan="2">有机与无机非金属材料复合</td><td>聚合物混凝土、玻璃纤维增强塑料等</td></tr>
<tr><td colspan="2">金属与无机非金属材料复合</td><td>钢筋混凝土、玻璃纤维混凝土等</td></tr>
<tr><td colspan="2">金属与有机材料复合</td><td>PVC 钢板、有机涂层铝合金板等</td></tr>
</table>

2. 使用功能分类

根据材料在土木工程中的使用部位或使用性能，大体上可分为两大类，即结构材料和功能材料。

(1)土木工程结构材料

土木工程结构材料主要指构成土木工程受力构件和结构所用的材料。如梁、板、柱、基础、框架、墙体、拱圈、沥青混凝土路面、无机结合料稳定基层及底基层和其他受力构件、结构等所用的材料都属于这一类。对这类材料主要技术性能的要求是强度和耐久性。目前所用的土木工程结构材料主要有砖、石、水泥、水泥混凝土、钢材、钢筋混凝土和预应力钢筋混凝土、沥青和沥青混凝土。在相当长的时期内，钢材、钢筋混凝土及预应力钢筋混凝土仍是我国土木工程中主要结构材料；沥青、沥青混凝土、水泥混凝土、无机结合料稳定基层及底基层则是我国交通土建工程中主要路面材料。随着土建事业的发展，轻钢结构、铝合金结构、复合材料、合成材料所占的比例将会逐渐加大。

(2)土木工程功能材料

土木工程功能材料主要是指担负某些建筑功能作用的非承重材料。如防水材料、绝热材料、吸声和隔声材料、采光材料、装饰材料等。

一般说，土建结构物的可靠度与安全度主要由土木工程材料组成的构件和结构体系所决定，而土建结构物的使用功能与品质主要决定于土木工程的功能材料。此外，对某一种具体材料来说，它可能兼有多种功能。

三、学习与思考

请在下列表中填出日常生活中常见的十种以上工程材料，它们是结构材料还是功能材料呢？是无机材料、有机材料还是复合材料？

序号	工程材料名称	按化学成分分类	按使用功能分类
1			
2			
3			
4			
5			
6			
7			
8			
9			
10			

学习项目二　工程材料的技术标准

工程材料的技术标准是材料生产、质量检验、验收及材料应用等方面的技术准则和必须遵守的技术法规，是保证工程质量的先决条件，它包括产品规格、分类、技术要求、检验方法、验收规则、标志、运输、储存及使用说明等内容。

我国工程材料的技术标准分为国家标准、行业标准、地方标准和企业标准四级。其中国家标准和行业标准是全国通用标准，是国家指令性文件，各级材料的生产、设计、施工等部门必须严格遵守执行，不得低于此标准。技术标准的表示方法由标准名称、部门代号、标准编号和批准年份四部分组成，如表1.2所示，请同学们按要求将其余内容填充完整。

表1.2　各类技术标准规定的代号和表示方法

<table>
<tr><th colspan="2">标准种类</th><th>代　　号</th><th>表示方法(含学习与思考)</th></tr>
<tr><td colspan="2">国家标准</td><td>GB　GB/T</td><td rowspan="9">如:《建筑石油沥青》(GB/T 494—2010)
写出下列标准名称的最新标准代号或标准名称:
1.《通用硅酸盐水泥》
2.《建筑砂浆基本性能试验方法》
3.《铁路混凝土与砌体工程施工规范》
4.《道路石油沥青》
5.《混凝土强度检验评定标准》
6. SL 25—2006
7.《普通混凝土配合比设计规程》
8. DB 11/489—2003</td></tr>
<tr><td rowspan="5">行业标准</td><td>建材行业</td><td>JC　JC/T</td></tr>
<tr><td>建设部</td><td>JGJ　JGJ/T</td></tr>
<tr><td>冶金部</td><td>YB</td></tr>
<tr><td>水利行业</td><td>SL</td></tr>
<tr><td>交通部</td><td>JTG、TB</td></tr>
<tr><td colspan="2">地方标准</td><td>DB</td></tr>
<tr><td colspan="2">企业标准</td><td>QB</td></tr>
</table>

学习项目三　工程材料试验数据常用的统计分析方法

把研究对象的全体称为总体，构成总体的每个单位称为个体，通常用 N 表示总体所包含的个体数。总体的一部分称为样本(或称子样)，通常用 n 表示样本所含的个体数，称为样本容量。

从总体中抽取样本称为抽样。若总体中每个个体被抽取的可能性相同，这样的抽样称为随机抽样，所获得的样本称为随机样本。

在许多情况下不可能直接试验或研究总体，例如灯泡的寿命、混凝土强度等，总是采用抽样的方法，通过试验或研究样品的特性，去估计该批产品的特性或质量状况。数理统计就是一种以概率论为理论基础、通过研究随机样本(样品)对总体的特性或质量状况做出估计和评价的方法。

对于工程试验中常见的正态分布，主要计算样本的三个统计量，即平均值、标准差(或极差)和变异系数。

一、样本平均值

以算术平均值 $\bar{x}$ 表示，可按式(1.1)计算：

$$\bar{x}=\frac{1}{n}\sum_{i=1}^{n}x_i \tag{1.1}$$

式中　x_i ——各个试验数据；

$\sum_{i=1}^{n}x_i$ ——各个试验数据之和；

n ——试验数据个数。

二、样本标准差

以标准差 s 表示，可按式(1.2)计算：

$$s=\sqrt{\frac{1}{n-1}\sum_{i=1}^{n}(x_i-\bar{x})^2} \tag{1.2}$$

式(1.2)又称贝塞尔公式。标准差表示一组试验数据对于其平均值的离散程度，也就是数据的波动情况，具有与平均值相同的量纲。在相同平均值条件下，标准差大表示数据离散程度大，即波动大；反之，亦然。

三、样本极差

极差也可以表示数据的离散程度。极差是数据中最大值与最小值之差：

$$R=x_{\max}-x_{\min} \tag{1.3}$$

当一批数据不多时($n\leqslant10$)，可用样本极差估计总体标准差：

$$\hat{\sigma}=\frac{R}{d_n} \tag{1.4}$$

式中　$\hat{\sigma}$ ——标准差的估计值；

R——极差；

d_n ——与 n 有关的系数，一般 d_n 可近似地按式(1.5)取值。

$$\frac{1}{d_n} \approx \frac{1}{n}\sqrt{n-\frac{1}{2}}\ ,2 \leqslant n \leqslant 10 \tag{1.5}$$

四、样本变异系数

变异系数表示数据的相对波动大小，按式(1.6)表示：

$$C_v = \frac{s}{x} \times 100\% \tag{1.6}$$

C_v 可反映不同平均条件下数据的波动情况，更能反映数据的性质。

五、学习与思考

某高层建筑，现浇 C30 混凝土，做试件 11 组(配合比基本一致)。试压强度代表值分别为 30.8、31.8、33.0、29.8、32.0、31.2、34.0、29.0、31.5、32.3、28.8，单位为 MPa。求该混凝土强度的算术平均值、标准差、极差和变异系数。

学习项目四　有效数字及其数值修约

测量结果中准确数和一位估计数合称为测量值的有效数字。

测量结果的数字，其有效位数代表结果的不确定度。有效位数不同，它们的测量不确定度不同。测量结果数字右边的“0”不能随意取舍，因为这些“0”都是有效数字。

数值修约规则：四舍六入五考虑，五后非零则进一，五后皆零视奇偶，五前为偶应舍去，五前为奇则进一。不许连续修约，确定修约位数 1 次修约获得结果。

一、修约间隔

又称修约去件或化整间隔，它是确定修约保留位数的一种方式。修约间隔一般以 $k \times 10^n$($k=1,2,5$；n 为正、负数)的形式表示，常将同一 k 值的修约间隔简称“k”间隔。修约间隔一经确定，修约值即为该数值的整数倍。

如指定修约间隔为 0.1，修约值即应在 0.1 的整数倍中选取，相当于将数值修约到一位小数；如指定修约间隔为 100，修约值即应在 100 的整数倍中选取，相当于将数值修约到“百”数位。工程试验中的修约间隔一般有 0.1、0.2、0.5、1、5、10、50、100 等。

二、0.5、5、50 单位修约(半个单位修约)

指修约间隔为指定数位的 0.5、5、50 单位，即修约到指定数位的 0.5、5、50 单位，将拟修约数值乘以 2，按指定数位修约，所得数值再除以 2。例如，将 60.28 修约到 0.5 单位，得 60.5。

三、0.2 单位修约

指修约间隔为指定数位的 0.2 单位，即修约到指定数位的 0.2 单位，将拟修约数乘以 5，按指定数位修约，所得数值再除以 5。例如，将 8.32 修约到 0.2 单位，得 8.4。

四、0.1、1、10 单位修约

指修约间隔为指定数位的 0.1、1、10 单位，即修约到指定数位的 0.1、1、10 单位。例如，将 1377 修约到 10 单位，得 1380。

五、学习与思考

请将表 1.3 中数据按要求进行数值修约。

表 1.3　数值的修约

拟修约值	12.5426	13.3631	18.8533	18.8500	18.7500	1.050	0.350	修约间隔 0.1
修约值								
拟修约值	15.4546	12.5426	13.3631	18.8500	18.2500	1.50	2.500	修约间隔 1
修约值								
拟修约值	2525	452	2788	355	325.8	2673	1654.5	修约间隔 10
修约值								
拟修约值	2525	452	2788	355	250	350.2	1327	修约间隔 100
修约值								
拟修约值	60.25	60.38	60.75	102.78	255.07	89.54	262.26	修约间隔 0.5
修约值								
拟修约值	329	526.67	678.1	452.7	253	987	1012	修约间隔 5
修约值								
拟修约值	920	985	2525	562	678	550	429	修约间隔 50
修约值								
拟修约值	830	842	1050	930	632	569	336	修约间隔 20
修约值								

学习模块二　水泥砂浆及其检测

目标要求

1. 能通过阅读情景描述，明确检测工作任务要求。
2. 能正确识读材料包装、合格证、质量检验清单等。
3. 能根据任务要求和实际情况，合理制定检测工作计划。
4. 能正确完成水泥砂浆中涉及各项材料的试验。
5. 能准确填写试验报告，并正确评价材料质量及用途。

某居民小区计划修建一堵用砖砌筑的露天围墙，需用 M10 的水泥砂浆进行砌筑，施工队接到砌筑工程任务单后，为保质保量，委托我校开展一系列的材料检测工作。

同学们，一起跟着老师来学习吧！

学习流程与活动

1. 明确试验工作任务。
2. 试验前的准备。
3. 试验室材料检测及报告完成。
4. 总结与评价。

学习项目一　水泥主要技术性质检测

子项目1　明确学习任务

学习目标

1. 根据情境描述，认识水泥砂浆所用的原材料——水泥。
2. 识读水泥质量清单、合格证及散装卡片、外包装等，掌握水泥的验收与保管。
3. 能准确记录水泥试验室工作的环境条件。
4. 熟悉掌握水泥的取样及常规检测指标。

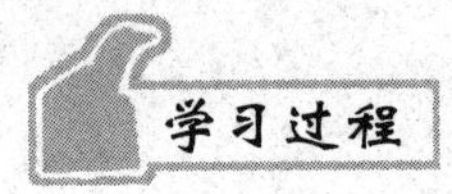

学习过程

一、观察水泥的颜色及形态(见图2.1)

颜色________ 形态________

图2.1 水泥

胶凝材料是指____

____

水硬性胶凝材料是指____

____

二、观察水泥外包装(见图2.2、图2.3)

水泥执行标准________ 水泥品种________

水泥强度等级________ 水泥生产商标________

水泥生产厂家、地址、生产许可证号____

____

水泥净重________ 包装袋颜色________

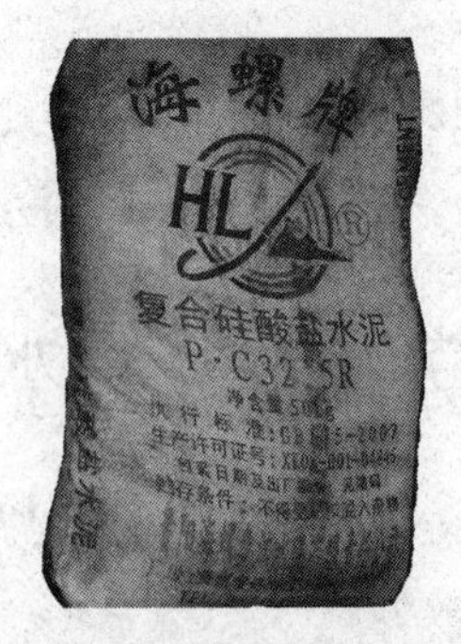

图2.2 水泥袋　　图2.3 水泥袋

三、查阅相关资料学习通用硅酸盐水泥知识

1.通用硅酸盐水泥成分及品种(六大品种)

____

2.通用硅酸盐水泥熟料的矿物组成

____

3.通用硅酸盐水泥的特性与应用

表 2.1 为通用水泥的选用表。

表 2.1　通用水泥的选用表

混凝土工程特点及所处环境条件		优先使用	可以使用	不宜使用
普通混凝土	在一般气候环境中的混凝土	普通水泥	矿渣水泥、火山灰水泥、粉煤灰水泥、复合水泥	—
	在干燥环境中的混凝土	普通水泥	矿渣水泥	火山灰水泥、粉煤灰水泥
	在高温高湿环境中或长期处于水中的混凝土	矿渣水泥、火山灰水泥、粉煤灰水泥、复合水泥	普通水泥	—
	厚大体积的混凝土	矿渣水泥、火山灰水泥、粉煤灰水泥、复合水泥	普通水泥	硅酸盐水泥
混凝土工程特点及所处环境条件		优先使用	可以使用	不宜使用
有特殊要求的混凝土	要求快硬、高强(大于 C40)的混凝土	硅酸盐水泥	普通水泥	矿渣水泥、火山灰水泥、粉煤灰水泥、复合水泥
	严寒地区的露天混凝土，寒冷地区处于水位升降范围内的混凝土	普通水泥	矿渣水泥	火山灰水泥、粉煤灰水泥
	严寒地区处于水位升降范围内的混凝土	普通水泥	—	矿渣水泥、火山灰水泥、粉煤灰水泥、复合水泥
	有抗渗要求的混凝土	火山灰水泥、普通水泥	—	矿渣水泥
	有腐蚀介质存在的混凝土	矿渣水泥、火山灰水泥、粉煤灰水泥、复合水泥	—	硅酸盐水泥
	有耐磨要求的混凝土	硅酸盐水泥、普通水泥	—	火山灰水泥、粉煤灰水泥

四、熟记水泥储运保管应遵循的原则

防水防潮、分类堆放、及时使用、先存先用。表 2.2 为受潮水泥的处理与使用方法。

表 2.2　受潮水泥的处理与使用

受潮情况	处理方法	适用场合
有粉块，用手可以捏成粉末，无硬块	压碎粉块	通过试验后，根据实际强度等级使用
部分结成硬块	筛除硬块压碎粉块	通过试验后，根据实际强度等级使用。用于受力较小的部位，也可砌筑砂浆
大部分结成硬块	将硬块粉碎磨细	不能作为水泥使用，可作为混合材料掺加到混凝土中

工程案例：

广西百色某车间单层砖房屋盖采用预制空心板 12 m 跨现浇钢筋混凝土大梁，1983 年 10 月开工，使用进场已 3 个多月并存放潮湿地方的水泥，而后拆完大梁底模板和支撑，1984

年1月4日下午房屋全部倒塌。

原因分析：

事故的主因是使用受潮水泥，且采用人工搅拌、无严格配合比。致使大梁混凝土在倒塌后用回弹仪测定平均抗压强度仅5 MPa左右，甚至有些地方竟测不出回弹值。此外，还有振捣不实、配筋不足等问题。

防治措施：

①施工现场入库水泥应按品种、标号、出厂日期分别堆放，并建立标志。先到先用，防止混乱。

②防治水泥受潮。水泥不慎受潮，可分以下情况处理使用：

a. 有粉状，可用手捏成粉末，尚无硬块。可压碎粉块，通过实验，按实际强度使用。

b. 部分水泥结成硬块。可筛去硬块，压碎粉块。通过实验，按实际强度使用，可用于不重要的、受力小的部位，也可用于砌筑砂浆。

c. 大部分水泥结成硬块。粉碎、磨细，不能作为水泥使用，但仍可作水泥混合材或混凝土掺合剂。

五、了解水泥石的腐蚀与防护

1. 水泥石的腐蚀类型

____

2. 水泥石腐蚀的防护措施

____

六、熟悉试验室环境

了解水泥试验室温度、湿度标准要求，正确记录试验室温、湿度(见图2.4、图2.5)。

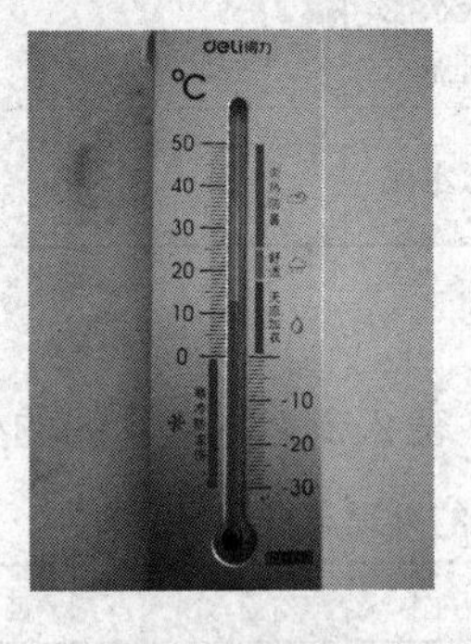

图2.4 温度计

图2.5 湿度计

温度________ 湿度________

七、熟悉水泥相关标准

请写出水泥检测取样方法：

____

____

依照最新国家标准________的规定，填写表2.3通用硅酸盐水泥主要技术性质的标准要求。

表 2.3　通用硅酸盐水泥主要技术性质的标准要求

项目	标 准 要 求
1. 化学指标	
(1)氧化镁含量	
(2)三氧化硫含量	
(3)不溶物含量	
(4)烧失量	
(5)碱含量	
2. 密度与堆积密度	
3. 细度	
4. 标准稠度用水量	
5. 凝结时间	
(1)初凝时间	
(2)终凝时间	
6. 体积安定性	
7. 强度	
8. 水化热	

子项目 2　水泥细度试验

2.1　水泥细度试验前的准备

1. 明确水泥细度检测的试验目的。
2. 熟悉水泥细度检测指标所使用的仪器设备，并检查其是否完好。
3. 熟悉水泥细度检测标准，牢记试验步骤。
4. 能根据任务要求和试验步骤，合理制定工作计划。

一、写出水泥细度最新检测标准名称和代号

____

二、学习水泥细度检测的有关知识

水泥细度指水泥颗粒的粗细程度。水泥颗粒愈细，水化反应速度愈快，早期强度愈高；但水泥颗粒太细，在空气中的硬化收缩较大，容易出现干缩裂缝；另外，太细的水泥不宜存放且增加生产成本。为充分发挥水泥熟料的活性、改善水泥性能，同时考虑能耗的合理分配，则要合理控制水泥细度。细度可用筛析法和比表面积法表示。现行国家标准规定：硅酸盐水泥、普通硅酸盐水泥比表面积大于300 m^2/kg，矿渣硅酸盐水泥、火山灰质硅酸盐水泥、粉煤灰硅酸盐水泥、复合硅酸盐水泥80 μm方孔筛的筛余量不得超过10.0%。

三、写出水泥细度检测的方法

1. 硅酸盐水泥、普通硅酸盐水泥采用的方法是：________________________。

2. 矿渣硅酸盐水泥、火山灰质硅酸盐水泥、粉煤灰硅酸盐水泥、复合硅酸盐水泥采用的方法是：____。

当试验结果发生争议时，以________方法为准。

3. 对情景描述中的水泥应采用的方法是：

____。

四、认识水泥细度检测的主要仪器设备(见图2.6、图2.7)

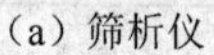

(a) 筛析仪

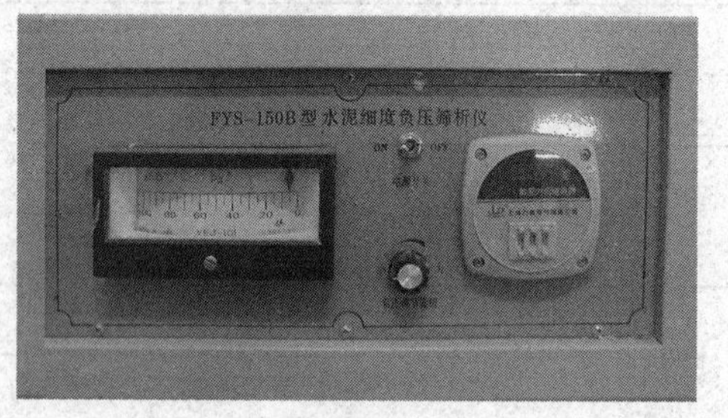

(b) 筛析仪仪表盘

图2.6 水泥细度负压筛析仪

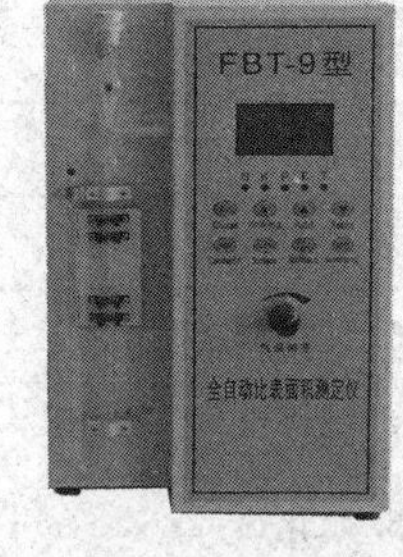

图2.7 全自动比表面积仪

五、认识其他常用试验仪器及工具(见图2.8～图2.12)

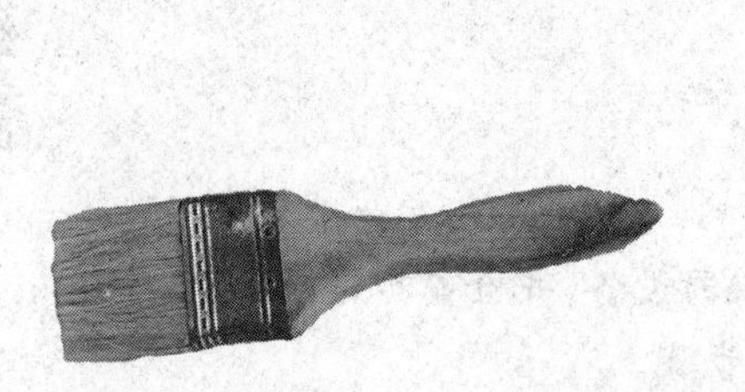

图2.8 毛刷

图2.9 浅盘

图2.10 播料器

图2.11 电子秤

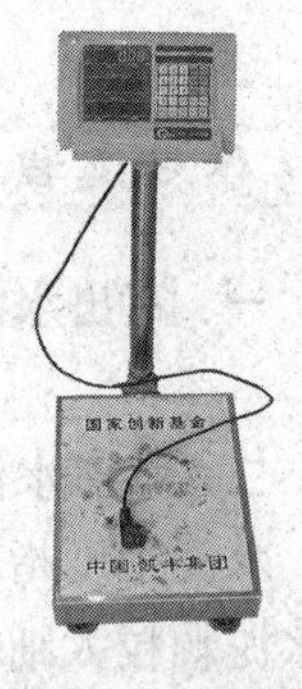

图2.12 电子台秤

六、制定小组试验工作计划

查阅相关试验标准，了解试验任务的基本步骤，根据任务要求，结合试验室仪器设备的实际情况，制定小组试验工作计划。

水泥细度试验工作计划

1. 人员分工

(1)小组负责人：____________________。

(2)小组成员及分工。

姓　　名	分　　工

2. 工具及材料清单

序　　号	工具或材料名称	单　　位	数　　量	备　　注

七、评价试验准备情况

以小组为单位，展示本组制定的试验工作计划，在教师点评的基础上对试验计划进行修改完善，并根据以下评分标准进行评分。

评价内容	分值	评　　分		
		自我评价	小组评价	教师评价
计划制定是否有条理	10			
计划是否全面、完善	10			
人员分工是否合理	10			
任务要求是否明确	20			
工具清单是否正确、完整	20			
材料清单是否正确、完整	20			
团结协作	10			
合　　计				

2.2 水泥细度试验及试验报告完成

1. 能正确使用水泥细度负压筛析仪。
2. 能正确判断并处理试验操作过程中出现的异常问题。
3. 能将试验仪器设备正确归位并清理现场。
4. 能正确填写试验报告并判定试验结果。

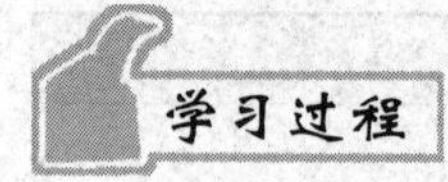

一、准备好试验材料

保质期内的水泥试样要充分拌匀，通过0.9 mm方孔筛。

二、检查试验仪器的完好性

1. 负压筛

(1)负压筛由圆形筛框和筛网组成，筛网为金属丝编织方孔筛，方孔边长80 μm，负压筛应附有透明筛盖，筛盖与筛上口应有良好的密封性。

(2)筛网应紧绷在筛框上，筛网和筛框接触处应用防水胶密封，防止水泥嵌入。

2. 负压筛析仪

(1)负压筛析仪由筛座、负压筛、负压源及收尘器组成，其中筛座由转速为(30±2)r/min的喷气嘴、负压表、控制板、微电机及壳体等部分构成。

(2)负压源和收尘器，由功率600 W的工业吸尘器和小型旋风收尘筒或由其他具有相当功能的设备组成。

3. 天平

最大称量为100 g，感量不大于0.05 g。

4. 准备

筛析试验前，应把负压筛放在筛座上，盖上筛盖，接通电源，检查控制系统，调节负压至4 000～6 000 Pa范围内。

三、试验步骤(负压筛析法)

步骤	操作步骤	技术要点提示	操作记录及心得体会
1	水泥样品应充分拌匀，通过0.9 mm方孔筛，记录筛余物情况，要防止过筛时混进其他水泥	对材料有何要求	
2	筛析试验前，应把负压筛放在筛座上，盖上筛盖，接通电源，检查控制系统	注意负压的控制，负压不在范围内如何解决，并注意筛析时间的设定	
3	称取试样25 g，置于洁净的负压筛中，盖上筛盖，放在筛座上，开动筛析仪连续筛析2 min，在此期间如有试样附着在筛盖上，可轻轻地敲击，使试样落下；筛毕，用天平称取筛余物	准确称取水泥筛前及筛后试样，精确至0.01 g	
4	清洁、整理仪器设备	良好卫生习惯的养成	

续上表

步骤	操作步骤	技术要点提示	操作记录及心得体会
5	计算试验结果	水泥试样筛余百分数 F（即水泥细度）按下式计算： $$F=\frac{R_s}{m}\times 100$$ 式中　F——水泥试样的筛余百分数(%)； R_s——水泥筛余物的质量(g)； m——水泥试样的质量(g)。 结果计算至 0.1%	

四、记录试验数据

水泥细度测定记录

试样名称		材料产地	
试验次数	筛析用试样质量 m(g)	在 80 μm 筛上筛余物质量 m_0(g)	筛余百分数 F(%)
①	②	③	④=③/②
试验结果的评定			

试验者________　　组别________　　成绩________　　试验日期________

五、评价试验过程

以小组为单位，展示本组试验结果。根据以下评分标准进行评分。

评价内容		分值	评分		
			自我评价	小组评价	教师评价
材料准备	水泥品种的检查	20			
	水泥是否过期				
	试验前拌匀				
	试验前筛析				
仪器检查准备	试验前准备正确、完整	20			
	负压控制检查				
	筛析时间设定检查				
	温湿度检查				
试验操作	水泥称样正确	25			
	设备操作正确、熟练				
	负压是否下落				
	能否会处理负压低的问题				
	试验中有无异常				

续上表

评价内容		分值	评分		
			自我评价	小组评价	教师评价
试验结果	数据的取值	25			
	计算公式				
	结果评定				
	是否有涂改				
	试验报告完整				
安全文明操作	遵守安全文明试验规程	10			
	试验完成后认真清理仪器设备及现场				
扣分及原因分析					
合计					

子项目3 水泥标准稠度用水量试验

3.1 水泥标准稠度用水量试验前的准备

1. 明确水泥标准稠度用水量检测的试验目的。
2. 熟悉水泥标准稠度用水量检测指标所使用的仪器设备，并检查其是否完好。
3. 熟悉水泥标准稠度用水量检测标准，牢记试验步骤。
4. 能根据任务要求和试验步骤，合理制定工作计划。

一、写出最新水泥标准稠度用水量检测标准名称和代号

____

二、学习水泥标准稠度用水量的有关知识

检验水泥的凝结时间与体积安定性时，水泥净浆的稠度会影响试验结果，为使其测定结果具有可比性，必须采用标准稠度的水泥净浆进行试验，水泥净浆达到标准稠度时所需的拌和水量叫标准稠度用水量。

水泥标准稠度净浆对试杆的沉入具有一定阻力。通过不同含水量的水泥净浆的穿透性试验，以确定水泥标准稠度净浆中所需加入的水量。

三、写出水泥标准稠度用水量检测的方法

1. 水泥标准稠度用水量的测定方法有维卡仪法和试锥法两种。

维卡仪(标准法)是______________________________。

2. 你对试验工作任务将采用的方法是______________________________。

四、认识水泥标准稠度用水量检测的主要仪器设备(见图 2.13、图 2.14)

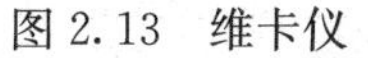

图 2.13　维卡仪

图 2.14　水泥净浆搅拌机

五、认识其他常用试验仪器(见图 2.15～图 2.18)

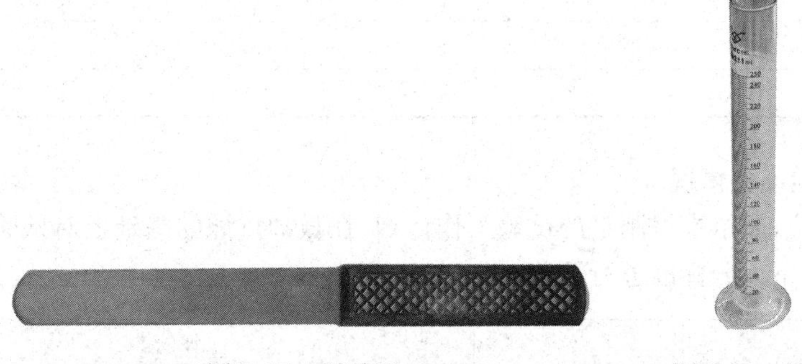

图 2.15　刮平尺

图 2.16　量筒

图 2.17　滴管

图 2.18　电子天平

六、制定小组试验工作计划

查阅相关试验标准,了解试验任务的基本步骤,根据任务要求,结合试验室仪器设备的实际情况,制定小组试验工作计划。

水泥标准稠度用水量试验工作计划

1. 人员分工

(1)小组负责人:____________________。

(2)小组成员及分工。

姓　　名	分　　工

2. 工具及材料清单

序　　号	工具或材料名称	单　　位	数　　量	备　　注

七、评价试验准备情况

以小组为单位，展示本组制定的试验工作计划，在教师点评的基础上对试验计划进行修改完善，并根据以下评分标准进行评分。

评价内容	分值	评　　分		
		自我评价	小组评价	教师评价
计划制定是否有条理	10			
计划是否全面、完善	10			
人员分工是否合理	10			
任务要求是否明确	20			
工具清单是否正确、完整	20			
材料清单是否正确、完整	20			
团结协作	10			
合　　计				

3.2　水泥标准稠度用水量试验及试验报告完成

1. 能正确使用维卡仪、水泥净浆搅拌机等试验仪器设备。
2. 能正确判断并处理试验操作过程中出现的异常问题。
3. 能将试验仪器设备正确归位并清理现场。
4. 能正确填写试验报告并判定试验结果。

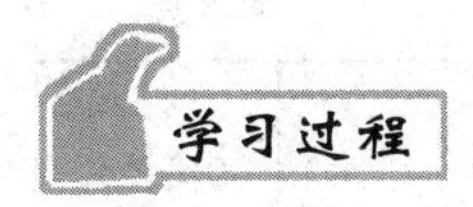

一、准备好试验材料

保质期内的水泥试样要充分拌匀，通过 0.9 mm 方孔筛水泥 500 g。

二、检查试验仪器的完好性

(1)标准法维卡仪：标准稠度测定用试杆，有效长度为(50±1) mm，由直径为 ϕ(10±0.05) mm 的圆柱形耐腐蚀金属制成。

盛装水泥净浆的试模，应由耐腐蚀的、有足够硬度的金属制成。试模为深(40±0.2) mm、顶内径 ϕ(65±0.5) mm、底内径 ϕ(75±0.5) mm 的截顶圆锥体。每只试模应配备一个边长或直径约 100 mm、厚度 4～5 mm 的平板玻璃底板或金属底板。

(2)净浆搅拌机。

(3)天平：最大称量不小于 1 000 g，分度值不大于 1 g。

(4)量水器：精度±0.5 mL。

三、试验步骤(维卡仪法)

步骤	操作步骤	技术要点提示	操作记录及心得体会
1	水泥样品应充分拌匀，通过 0.9 mm 方孔筛，记录筛余物情况，要防止过筛时混进其他水泥	对材料有何要求	
2	校核仪器，调整检查维卡仪的金属棒能否自由滑动，试模和玻璃底板用湿布擦拭，将试模放在底板上，在试杆接触玻璃板时将指针对准零点，检查搅拌机是否运行正常	为什么要用湿布擦拭试模、底板及搅拌锅和叶片，在试验前对维卡仪调零的目的是什么	
3	水泥净浆的拌制用水泥净浆搅拌机进行，搅拌锅和搅拌叶片先用湿布擦拭，将拌和水倒入搅拌锅内；然后在 5～10 s 内小心将称好的 500 g 水泥加入水中，防止水和水泥溅出；在拌和时，先将锅放在搅拌机的锅座上，升至搅拌位置，启动搅拌机，低速搅拌 120 s，停 15 s，同时将叶片和锅壁上的水泥浆刮入锅中间，接着高速搅拌 120 s 停机	准确称取水泥搅拌前试样，精确至 1 g 注意操作顺序和搅拌机搅拌时间	
4	拌和结束后，立即取适量水泥净浆一次性将其装入已置于玻璃底板上的试模中，浆体超过试模上端，用宽约 25 mm 的直边刀轻轻拍打超出试模部分的浆体 5 次以排除浆体中的孔隙，然后在试模上表面约 1/3 处，略倾斜于试模分别向外轻轻锯掉多余净浆，再从试模边沿轻抹顶部一次，使净浆表面光滑	在锯掉多余净浆和抹平的操作过程中，注意不要压实净浆	
5	抹平后的净浆迅速将试模和底板移到维卡仪上，并将其中心定在试杆下，降低试杆直至与水泥净浆表面接触，拧紧螺丝 1～2 s 后，突然放松，使试杆垂直自由沉入水泥净浆中；在试杆停止沉入或释放试杆 30 s 时，记录试杆距底板之间的距离，升起试杆后，立即擦净。以试杆沉入净浆并距底板(6±1) mm 的水泥净浆为标准稠度净浆，此时的拌和水量为该水泥的标准稠度用水量(P)	整个操作应在搅拌后 1.5 min 内完成	

续上表

步骤	操作步骤	技术要点提示	操作记录及心得体会
6	若试杆沉入净浆并距底板超出(6±1) mm,则需通过加水或减水重复上述过程直到满足试杆沉入净浆并距底板(6±1) mm为止	水泥净浆什么情况时加水,什么情况时减水	
7	清洁、整理仪器设备	良好卫生习惯的养成	
8	计算试验结果:以试杆沉入净浆并距底板(6±1) mm的水泥净浆为标准稠度净浆,此时的拌和水量为该水泥的标准稠度用水量(P),按水泥质量的百分比计	$P=W/500\times100\%$ 式中 P——水泥标准稠度用水量(%); W——水泥净浆达到标准稠度时的拌和用水量(g)。 结果计算精确至0.1%	

四、记录试验数据

水泥标准稠度用水量测定记录

取样地点		使用部位		试验日期	
厂牌种类		水泥等级		试验规程编号	

试样名称		材料产地	
第一次加水量 g	加水时间: 时 分	沉入度 mm	稠度 %
第二次加水量 g	加水时间: 时 分	沉入度 mm	稠度 %
第三次加水量 g	加水时间: 时 分	沉入度 mm	稠度 %
试验结果的评定			

试验者________ 组别________ 成绩________ 试验日期________

五、评价试验过程

以小组为单位,展示本组试验结果。根据以下评分标准进行评分。

评价内容		分值	评分		
			自我评价	小组评价	教师评价
材料准备	水泥品种的检查	20			
	水泥是否过期				
	水泥试验前拌匀				
	水泥试验前筛析				
仪器检查准备	试验前准备正确、完整	20			
	维卡仪能否自由滑动、是否零点调试				
	净浆搅拌机运转是否正常				
	温、湿度检查				

续上表

评价内容		分值	评　分		
			自我评价	小组评价	教师评价
试验操作	水泥、搅拌用水称样正确	25			
	是否用湿布对试模、底板、搅拌锅、叶片进行擦拭				
	搅拌叶片是否搅拌起锅底材料或与锅底硬接触				
	设备操作正确、熟练				
	试验中有无其他异常				
试验结果	数据的取值	25			
	计算公式				
	结果评定				
	是否有涂改				
	试验报告完整				
安全文明操作	遵守安全文明试验规程	10			
	试验完成后认真清理仪器设备及现场				
扣分及原因分析					
合　计					

子项目4　水泥凝结时间试验

4.1　水泥凝结时间试验前的准备

1. 明确水泥凝结时间检测的试验目的。
2. 正确使用水泥凝结时间检测的仪器设备，并检查其是否完好。
3. 熟悉水泥凝结时间检测标准，牢记试验步骤。
4. 能根据任务要求和试验步骤，合理制定工作计划。

一、写出最新水泥凝结时间检测标准名称和代号

____

二、学习水泥凝结时间检测的有关知识

水泥凝结时间分为初凝时间和终凝时间，简称初凝和终凝。

凝结时间对水泥混凝土的施工具有重要意义：初凝太快，给施工造成不便；终凝太慢，将影响施工进度。用标准稠度的水泥净浆测定凝结时间。从加水时起至试针沉入净浆距底板(4±1) mm时，为水泥达到初凝状态；从加水时起至试针沉入试体0.5 mm时为水泥达到终凝状态。

凝结时间以试针沉入水泥标准稠度净浆至一定深度所需的时间表示。水泥初凝不合格评定为废品，终凝不合格评定为不合格品。

三、了解水泥凝结时间检测的方法(见图 2.19)

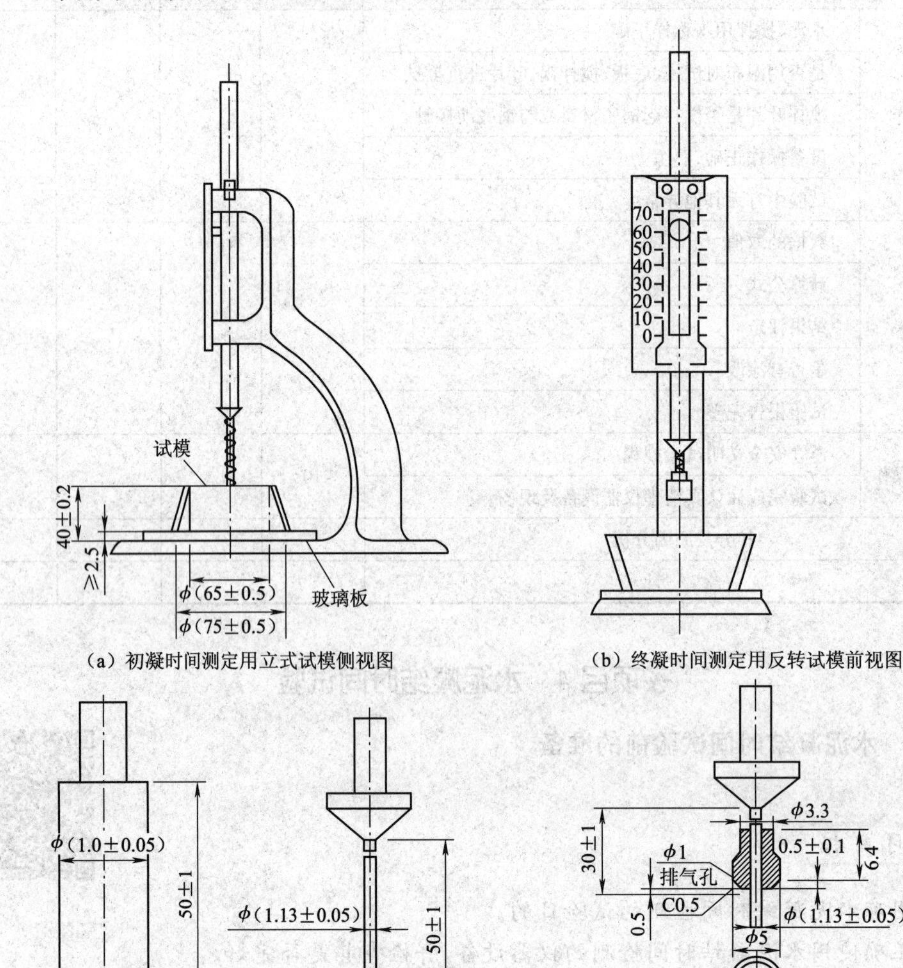

(a) 初凝时间测定用立式试模侧视图　(b) 终凝时间测定用反转试模前视图

(c) 标准稠度试杆　(d) 初凝用试针　(e) 终凝用试针

图 2.19　测定水泥标准稠度和凝结时间用的维卡仪(尺寸单位:mm)

四、认识水泥凝结时间检测的主要仪器设备(见图 2.20～图 2.22)

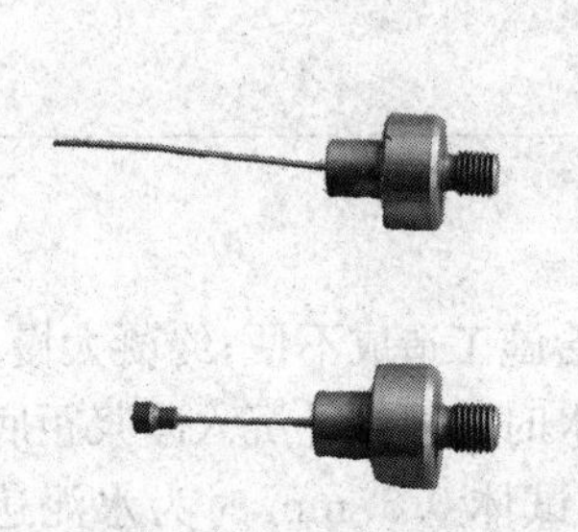

图 2.20　初凝针和终凝针

图 2.21　维卡仪

图 2.22　水泥净浆搅拌机

五、认识其他常用试验仪器（见图 2.23、图 2.24）

图 2.23　水泥标准养护箱

图 2.24　水泥标准养护箱显示表

六、制定小组试验工作计划

查阅相关试验标准，了解试验任务的基本步骤，根据任务要求，结合试验室仪器设备的实际情况，制定小组试验工作计划。

水泥凝结时间试验工作计划

1. 人员分工

(1)小组负责人：____________________。

(2)小组成员及分工。

姓　　名	分　　工

2. 工具及材料清单

序　　号	工具或材料名称	单　　位	数　　量	备　　注

七、评价试验准备情况

以小组为单位，展示本组制定的试验工作计划，在教师点评的基础上对试验计划进行修改完善，并根据以下评分标准进行评分。

评价内容	分值	评分		
		自我评价	小组评价	教师评价
计划制定是否有条理	10			
计划是否全面、完善	10			
人员分工是否合理	10			
任务要求是否明确	20			
工具清单是否正确、完整	20			
材料清单是否正确、完整	20			
团结协作	10			
合计				

4.2 水泥凝结时间试验及试验报告完成

1. 能正确使用维卡仪、水泥净浆搅拌机、养护箱等试验仪器设备。
2. 能正确判断并处理水泥凝结时间试验操作过程中出现的异常问题。
3. 能将试验仪器设备正确归位并清理现场。
4. 能正确填写试验报告并判定试验结果。

一、准备好试验材料

保质期内的水泥试样要充分拌匀，通过 0.9 mm 方孔筛。

二、检查试验仪器的完好性

(1)标准法维卡仪：标准稠度测定用试杆[图 2.19(c)]有效长度为(50±1) mm，由直径为 ϕ(10±0.05) mm 圆柱形耐腐蚀金属制成。测定凝结时间时取下试杆，用试针[图 2.19(d)、(e)]代替试杆。试针是钢制的圆柱体，其有效长度初凝针为(50±1) mm，终凝针为(30±1) mm，直径为 ϕ(1.13±0.05) mm。滑动部分的总质量为(300±1) g。与试杆、试针连接的滑动杆表面应光滑，能靠重力自由下落，不得有紧涩和晃动现象。

盛装水泥净浆的试模[图 2.19(a)、(b)]应由耐腐蚀的、有足够硬度的金属制成。试模为深(40±0.2) mm、顶内径 ϕ(65±0.5) mm、底内径 ϕ(75±0.5) mm 的截顶圆锥体。每只试模应配备一个边长或直径约 100 mm、厚度 4～5 mm 的平板玻璃底板或金属底板。

(2)净浆搅拌机。

(3)标准养护箱：应使温度控制在(20±1) ℃，相对湿度不低于 90%。

(4)天平：最大称量不小于 1 000 g，分度值不大于 1 g。

(5)量水器：精度±0.5 mL。

三、试验步骤(维卡仪法)

步骤	操作步骤	技术要点提示	操作记录及心得体会
1	水泥样品应充分拌匀，通过0.9 mm方孔筛，记录筛余物情况，要防止过筛时混进其他水泥	对材料有何要求	
2	校核仪器，与试杆、试针连接的滑动杆表面应光滑，能靠重力自由下落，不得有紧涩和晃动现象，试模和玻璃底板用湿布擦拭，将试模放在底板上，在试针接触玻璃板时将指针对准零点，检查搅拌机是否运行正常	为什么要用湿布擦拭试模、底板及搅拌锅和叶片，在试验前对维卡仪初凝针调零的目的是什么	
3	按标准稠度用水量操作步骤制作水泥标准稠度净浆，以标准稠度的水泥净浆一次装满试模，振动数次刮平，立即放入标准养护箱中。记录水泥全部加入水中的时间作为凝结时间的起始时间	准确称取水泥搅拌前试样，精确至1 g 观察标准养护箱的温度和湿度是否在规定范围内，异常情况如何处理 注意记录加水的时间	
4	试件在湿气养护箱中养护至加水后30 min时进行第一次测定。测定时，从湿气养护箱中取出试模放到试针下，降低试针与水泥净浆表面接触，拧紧螺丝1～2 s，突然放松，试针垂直自由地沉入水泥净浆。观察试针停止下沉或释放试针30 s时指针的读数。当试针沉至距底板(4±1) mm时，为水泥达到初凝状态，达到初凝时应立即复测一次，当两次结论相同时才能定为初凝状态。记录达到初凝状态的时间	初凝时间，用"min"表示，国家标准规定初凝时间应不早于多少，为什么，若不合格如何判定	
5	在完成初凝时间测定后，立即将试模连同浆体以平移的方式从玻璃板取下，翻转180°，直径大端向上、小端向下放在玻璃板上，再放入湿气养护箱中继续养护，临近终凝时间每隔15 min测定一次，当试针沉入试体0.5 mm时，即环形附件开始不能在试体上留下痕迹时，为水泥达到终凝状态，达到终凝时应立即复测一次，当两次结论相同时才能定为终凝状态。记录达到终凝状态的时间	终凝时间，用"min"表示 终凝针是否需要调零 每次测定不能让试针落入原针孔，每次测试完必须将试针擦净并将试模放回湿气养护箱内，整个测试过程要防止试模受振	
6	清洁、整理仪器设备	养成良好的卫生习惯	
7	计算试验结果：由水泥全部加入水中至初凝状态所经历时间为水泥的初凝时间，用"min"表示 由水泥全部加入水中至终凝状态所经历的时间为水泥的终凝时间，用"min"表示		

四、记录试验数据

水泥凝结时间测定记录表

取样地点		使用部位		试验日期	
厂牌种类		水泥等级		试验规程编号	

凝结时间	加水量　　g			加水时间：　　时　分			沉入度　　　mm		稠 度　　　%
	水泥　　g								
	序号	时间	读数	序号	时间	读数	序号	时间	读数
	1			6			11		
	2			7			12		
	3			8			13		
	4			9			14		
	5			10			15		
初凝时间：　　时　　分				终凝时间：　　时　　分					
结论：									

试验者________　组别________　成绩________　试验日期________

五、评价试验过程

以小组为单位，展示本组试验结果。根据以下评分标准进行评分。

评价内容		分值	评　分		
			自我评价	小组评价	教师评价
材料准备	水泥质量的检查	20			
	拌和用水的量取或称取				
	水泥试验前拌匀				
	水泥试验前筛析				
仪器检查准备	试验前准备正确、完整	20			
	维卡仪能否自由滑动、是否零点调试				
	净浆搅拌机运转是否正常				
	标准养护箱温湿度检查				
试验操作	水泥、搅拌用水称样正确	25			
	是否用湿布对试模、底板、搅拌锅、叶片进行擦拭				
	搅拌叶片是否搅拌起锅底材料或与锅底硬接触				
	指针读数是否正确				
	二次测定是否插入同一针孔，终凝时浆面有明显环印				
试验结果	数据的取值	25			
	计算公式				
	结果评定				
	是否有涂改				
	试验报告完整				
安全文明操作	遵守安全文明试验规程	10			
	试验完成后认真清理仪器设备及现场				
扣分及原因分析					
合　计					

子项目5　水泥安定性试验

5.1　水泥安定性试验前的准备

1. 明确水泥安定性的试验目的。
2. 正确使用水泥安定性的仪器设备，并检查其是否完好。
3. 熟悉水泥安定性检测标准，牢记试验步骤。
4. 能根据任务要求和试验步骤，合理制定工作计划。

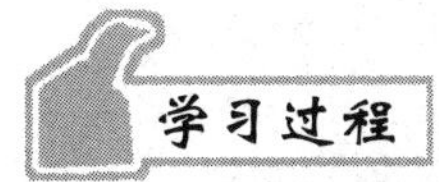

一、写出最新水泥安定性检测标准名称和代号

____

二、学习水泥安定性检测的有关知识

水泥的体积安定性是指水泥在凝结硬化过程中体积变化是否均匀的性质。如果水泥在硬化过程中产生不均匀的体积变化，即安定性不良。

使用安定性不良的水泥，水泥制品表面将鼓包、起层、产生膨胀的龟裂，强度降低，甚至引起严重的工程质量事故，所以安定性不良的水泥直接判定为废品。

试验中可通过检定由游离氧化钙而引起水泥体积的变化，来判断水泥体积安定性是否合格。

三、写出水泥安定性检测的方法

1. 安定性的测定有两种方法，即________和________。
2. ________是标准法，当有争议时以________是为准。
3. 你将采用的方法是____。

四、认识水泥安定性检测的主要仪器设备（见图2.25～图2.29）

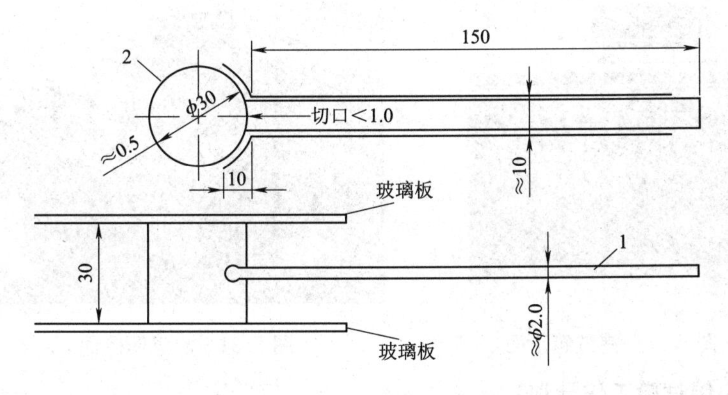

图2.25　雷氏夹示意图（尺寸单位：mm）

1—指针；2—环模

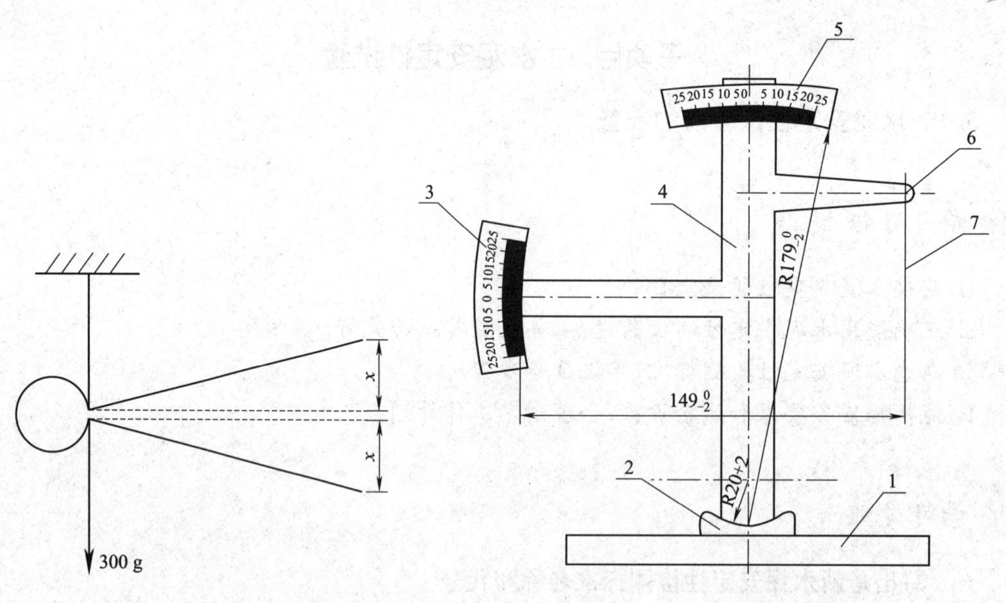

图 2.26　雷氏夹受力示意图

图 2.27　雷氏夹膨胀测定仪

1—底座；2—模子座；3—测强性标尺；4—立柱；
5—测膨胀值标尺；6—悬臂；7—悬丝

图 2.28　雷氏夹与膨胀测定仪

图 2.29　雷氏夹标定

五、认识其他常用仪器设备(见图 2.30、图 2.31)

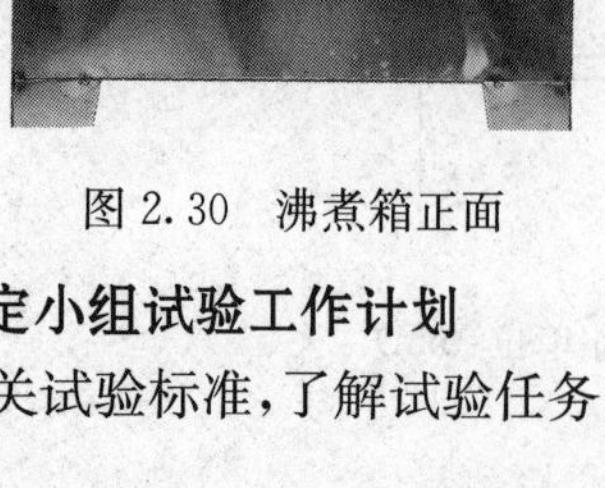

图 2.30　沸煮箱正面

图 2.31　沸煮箱侧面

六、制定小组试验工作计划

查阅相关试验标准，了解试验任务的基本步骤，根据任务要求，结合试验室仪器设备的实际情况，制定小组试验工作计划。

水泥安定性试验工作计划

1. 人员分工

(1)小组负责人：____________________。

(2)小组成员及分工。

姓　名	分　工

2. 工具及材料清单

序　号	工具或材料名称	单　位	数　量	备　注

七、评价试验准备情况

以小组为单位，展示本组制定的试验工作计划，在教师点评的基础上对试验计划进行修改完善，并根据以下评分标准进行评分。

评价内容	分值	评　分		
		自我评价	小组评价	教师评价
计划制定是否有条理	10			
计划是否全面、完善	10			
人员分工是否合理	10			
任务要求是否明确	20			
工具清单是否正确、完整	20			
材料清单是否正确、完整	20			
团结协作	10			
合　计				

5.2　水泥安定性试验及试验报告完成

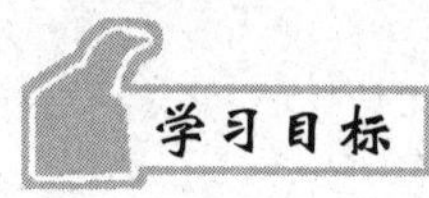

学习目标

1. 能正确使用雷氏夹、雷氏夹测定仪、煮沸箱等试验仪器设备。
2. 能正确判断并处理试验操作过程中出现的异常问题。
3. 能将试验仪器设备正确归位并清理现场。
4. 能正确填写试验报告并判定试验结果。

学习过程

一、准备好试验材料

保质期内的水泥试样要充分拌匀，通过0.9 mm方孔筛。

二、检查试验仪器的完好性

(1)雷氏夹：由铜质材料制成，其结构如图5.1所示。当一根针的根部先悬挂在一根金属丝或尼龙丝上，另一根指针的根部再挂上300 g质量的砝码时，两根指针的针尖距离增加应在(17.5±2.5) mm范围之内，即$2x$=(17.5±2.5) mm(图5.2)，当去掉砝码后针尖能恢复至挂砝码前的状态。

(2)雷氏夹膨胀值测定仪：如图5.3所示，标尺最小刻度为0.5 mm。

(3)沸煮箱：有效容积为410 mm×240 mm×310 mm，篦板的结构应不影响试验结果，篦板与加热器之间的距离大于50 mm。箱的内层由不易锈蚀的金属材料制成，能在(30±5) min内将箱内的试验用水由室温升至沸腾并可以保持沸腾状态3 h以上，整个沸煮过程中水位能没过试件，不需中途添补试验用水。

(4)玻璃板、抹刀、直尺。

(5)其他仪器设备与标准稠度用水量相同。

三、试验步骤

步骤	操作步骤	技术要点提示	操作记录及心得体会
1	水泥样品应充分拌匀，通过0.9 mm方孔筛，记录筛余物情况，要防止过筛时混进其他水泥	对材料有何要求	
2	每个试样需成型两个试件，每个雷氏夹需配两个边长或直径约80 mm、厚度4～5 mm的玻璃板，凡与水泥净浆接触的玻璃板表面和雷氏夹内表面都要稍稍涂上一层油。 检查水泥净浆搅拌机是否运行正常	刷机油的目的是什么	
3	按标准稠度用水量操作步骤制作水泥标准稠度净浆，将预先准备好的雷氏夹放在已稍擦油的玻璃板上，并立即将已制备好的标准稠度净浆装满雷氏夹。装浆时一只手轻轻扶持雷氏夹，另一只手用宽约25 mm的直边刀在浆体表面轻轻插捣3次，然后抹平，盖上稍涂油的玻璃板，接着立即将试件移至标准养护箱内养护(24±2) h	准确称取水泥搅拌前试样，精确至1 g 观察标准养护箱的温度和湿度是否在规定范围内，异常情况如何处理?	

续上表

步骤	操作步骤	技术要点提示	操作记录及心得体会
4	调整好沸煮箱内的水位，使之在整个沸煮过程中都能没过试件，不需中途填补试验用水，同时保证水温在(30±5) min内能升至沸腾		
5	脱去玻璃板取下试件，先测量雷氏夹指针尖端间的距离(A)，精确到0.5 mm，接着将试件放入沸煮箱水中的试件架上，指针朝上，试件之间互不交叉，在(30±5) min内加热至水沸腾并恒沸3 h±5 min	在沸煮的过程中会产生大量的蒸汽，要注意保持室内通风	
6	在沸煮结束后，立即放掉沸煮箱中的热水，打开箱盖，待箱体冷却至室温，取出试件进行判别。测量雷氏夹指针尖端的距离(C)，精确到0.5 mm，当两个试件煮后增加距离($C-A$)的平均值不大于5.0 mm时，即认为该水泥安定性合格；当两个试件的($C-A$)值相差超过4.0 mm时，应用同一样品立即重做一次试验。再如此，则认为该水泥安定性不合格	在雷氏夹测定仪上测量雷氏夹指针尖端的距离，精确到0.5 mm	
7	清洁、整理仪器设备	良好卫生习惯的养成	
8	试饼法：用水泥标准稠度净浆做成直径70～80 mm、中心厚约10 mm、边缘渐薄、表面光滑的试饼，接着将试饼放入标准养护箱内养护(24±2) h。再放沸煮箱内与雷氏夹方法一样煮沸取出，目测试饼未发现裂缝，用钢直尺检查也没有弯曲(使钢直尺和试饼底部紧靠，以两者间不透光为不弯曲)的试饼为安定性合格，反之为不合格。当两个试饼判别结果有矛盾时，该水泥的安定性为不合格	当试饼法与雷氏夹法结果不同时，以哪种结果为准	

四、记录试验数据

水泥安定性检测记录表

取样地点		使用部位		试验日期	
厂牌种类		水泥等级		试验规程编号	

安定性测定	
(雷氏夹)标准法	(试饼法)代用法
$C-A=$	结果： 1. 弯曲 2. 开裂 3. 正常
结论：	结论：
以上两种方法发生争议时，判定结果为：	

试验者________　　组别________　　成绩________　　试验日期________

五、评价试验过程

以小组为单位,展示本组试验结果。根据以下评分标准进行评分。

评价内容		分值	评分		
			自我评价	小组评价	教师评价
材料准备	水泥质量的检查	20			
	拌和用水的量取或称取				
	水泥试验前拌匀				
	水泥试验前筛析				
仪器检查准备	试验前准备正确、完整	20			
	雷氏夹挂上 300 g 砝码后张角是否超标,去掉砝码能否恢复原状				
	净浆搅拌机运转、沸煮箱是否正常				
	标准养护箱温湿度检查				
试验操作	水泥、搅拌用水称样正确	25			
	是否用湿布对试模、底板、搅拌锅、叶片进行擦拭				
	搅拌叶片是否搅拌起锅底材料或与锅底硬接触				
	雷氏夹指针读数是否正确				
	雷氏夹内表面和玻璃片是否擦油				
试验结果	数据的取值	25			
	计算公式				
	结果评定				
	是否有涂改				
	试验报告完整				
安全文明操作	遵守安全文明试验规程	10			
	试验完成后认真清理仪器设备及现场				
扣分及原因分析					
合　计					

子项目 6　水泥胶砂流动度试验

6.1　水泥胶砂流动度试验前的准备

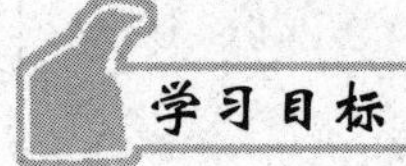

1. 明确水泥胶砂流动度检测的试验目的。
2. 正确使用水泥胶砂流动度测定仪等仪器,并检查其是否完好。
3. 熟悉水泥胶砂流动度检测标准,牢记试验步骤。
4. 能根据任务要求和试验步骤,合理制定工作计划。

一、写出水泥胶砂流动度最新检测标准名称和代号

____

二、学习水泥胶砂流动度检测的有关知识

通过测量一定配比的水泥胶砂在规定振动状态下的扩展范围来衡量其流动性。

三、写出水泥胶砂流动度检测的方法

胶砂的质量配合比应为1份水泥、3份标准砂和半份水(水灰比0.5),即水泥________g、标准砂________g、水________g拌和成水泥胶砂进行流动性的测定,该方法称为________法。

四、认识水泥胶砂流动度检测的主要仪器设备(见图2.32)

图2.32　水泥胶砂流动度测定仪(跳桌)

五、认识其他常用试验仪器(见图2.33～图2.35)

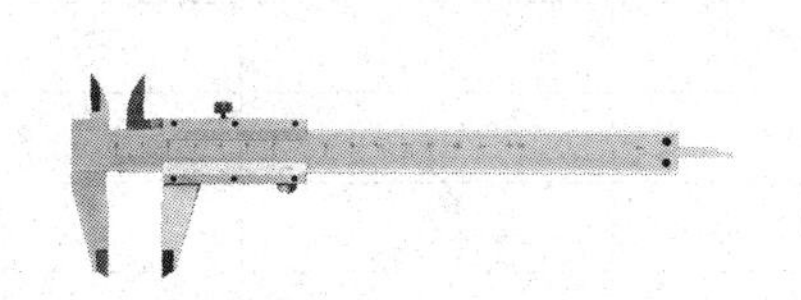

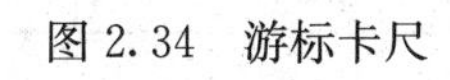

图2.33　水泥胶砂搅拌机　　图2.34　游标卡尺　　图2.35　水泥净浆搅拌机与胶砂搅拌机

六、制定小组试验工作计划

查阅相关试验标准,了解试验任务的基本步骤,根据任务要求,结合试验室仪器设备的实际情况,制定小组试验工作计划。

水泥胶砂流动度试验工作计划

1. 人员分工

(1)小组负责人:____________________。

(2)小组成员及分工。

姓　名	分　工

2. 工具及材料清单

序　号	工具或材料名称	单　位	数　量	备　注

七、评价试验准备情况

以小组为单位，展示本组制定的试验工作计划，在教师点评的基础上对试验计划进行修改完善，并根据以下评分标准进行评分。

评价内容	分值	评　分		
		自我评价	小组评价	教师评价
计划制定是否有条理	10			
计划是否全面、完善	10			
人员分工是否合理	10			
任务要求是否明确	20			
工具清单是否正确、完整	20			
材料清单是否正确、完整	20			
团结协作	10			
合　计				

6.2　水泥胶砂流动度试验及试验报告完成

1. 能正确使用水泥胶砂搅拌机、水泥胶砂流动度测定仪等试验仪器设备。
2. 能正确判断并处理试验操作过程中出现的异常问题。
3. 能将试验仪器设备正确归位并清理现场。
4. 能正确填写试验报告并判定试验结果。

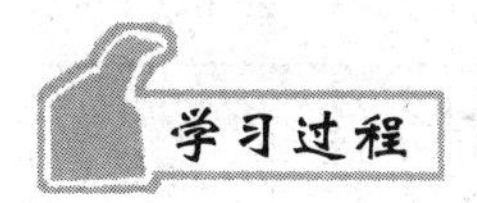

一、准备好试验材料

保质期内的水泥试样要充分拌匀，通过 0.9 mm 方孔筛的水泥 450 g；采用 ISO 标准砂(见图 2.36)一袋 1 350 g；自来水 225 mL。

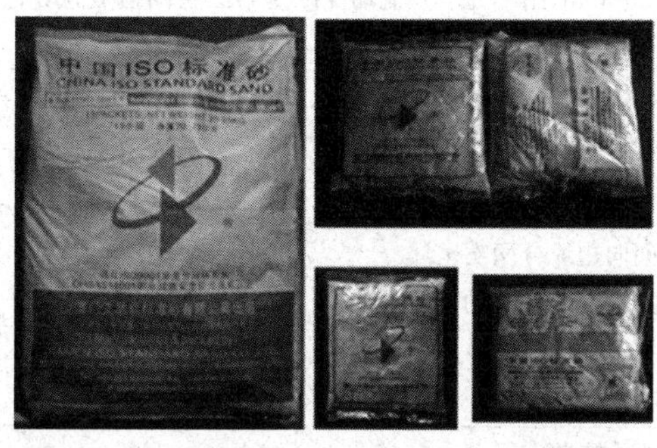

小袋质量:(1 350±5) g

图 2.36　标准砂

二、检查试验仪器完好性

(1)水泥胶砂搅拌机:水泥胶砂搅拌机由胶砂搅拌锅和搅拌叶片及相应的机构组成，属行星式搅拌机。

(2)水泥胶砂流动度测定仪(简称跳桌)。

(3)试模:用金属材料制成，由截锥圆模和模套组成。截锥圆模内壁须光滑，试模高为(60±0.5)mm，上口内径为(70±0.5)mm，下口内径为(100±0.5)mm，下口外径为 120 mm。

(4)捣棒。

(5)游标卡尺。

(6)刮平尺。

三、试验步骤

步骤	操作步骤	技术要点提示	操作记录及心得体会
1	水泥样品应充分拌匀，通过 0.9 mm 方孔筛，记录筛余物情况，要防止过筛时混进其他水泥 准备 ISO 标准砂一袋	对材料有何要求，材料质量比为多少	
2	检查胶砂搅拌机运转、下砂是否正常 如跳桌在 24 h 内未被使用，先空跳一个周期 25 次。用潮湿棉布擦拭跳桌台面、试模内壁、捣棒以及与胶砂接触的用具，将试模放在跳桌台面中央并用潮湿棉布覆盖	为什么用湿布擦拭仪器并覆盖	
3	胶砂制备:每锅胶砂用搅拌机进行机械搅拌。先使搅拌机处于待工作状态，然后按下面的程序进行操作。先把水倒入锅内，再加入水泥，把锅放在固定架上，上升至固定位置后立即开动机器，低速搅拌 30 s 后，在第二个 30 s开始的同时均匀地将砂子加入，当各级砂分装时，从最粗粒级开始，依次将所需的每级砂倒入锅内，再高速拌和 30 s，停拌 90 s，在第一个 15 s 内用一胶皮刮具将叶片和锅壁上的胶砂刮入锅中间，再高速继续搅拌 60 s。各个搅拌阶段，时间误差应在±1 s以内	准确称取水泥和水，精确至 1 g 胶砂搅拌时间 240 s拉闸下锅	

续上表

步骤	操 作 步 骤	技术要点提示	操作记录及心得体会
4	将拌好的胶砂分两层迅速装入流动度试模，第一层装至截锥圆模高度约三分之二处，用小刀在相互垂直两个方向各划5次，用捣棒由边缘至中心均匀捣压15次；随后，装第二层胶砂，装至高出截锥圆模约20 mm，用小刀划10次再用捣棒由边缘至中心均匀捣压10次，捣压后胶砂应略高于试模。捣压深度，第一层捣至胶砂高度的二分之一，第二层捣实不超过已捣实底层表面。在装胶砂和捣压时，用手扶稳试模，不要使其移动	流动度试模第二层的摆放位置注意不要装反	
5	在捣压完毕后，取下模套，用小刀由中间向边缘分两次将高出截锥圆模的胶砂刮去并抹平，擦去落在桌面上的胶砂。将截锥圆模垂直向上轻轻提起。立刻开动跳桌，约每秒钟1次，在(25±1) s内完成25次跳动	握住流动度试模中部全部垂直上提	
6	在跳动完毕后，用卡尺测量胶砂底面最大扩散直径及与其垂直的直径，计算平均值，取整数，用mm为单位表示，即为该水量的水泥胶砂流动度	流动度试验，从胶砂拌和开始到测量扩散直径结束，应在6 min内完成	
7	清洁、整理仪器设备	良好卫生习惯的养成	

四、记录试验数据

水泥胶砂流动度测定试验记录

厂牌种类		水泥等级		试验规程编号	
次数	水泥	水	砂	流动度(mm)	平均值(mm)
1					
2					
3					

试验者________ 组别________ 成绩________ 试验日期________

五、评价试验过程

以小组为单位，展示本组试验结果。根据以下评分标准进行评分。

评 价 内 容		分值	评 分		
			自我评价	小组评价	教师评价
材料准备	ISO标准砂一袋	20			
	拌和用水准确称取或量取				
	水泥试验前拌匀				
	水泥试验前筛析				
仪器检查准备	试验前准备正确、完整	20			
	胶砂搅拌机运转、下砂正常				
	跳桌跳动是否正常				
	卡尺正常				

续上表

评价内容		分值	评分		
			自我评价	小组评价	教师评价
试验操作	水泥、搅拌用水称样正确	25			
	是否用湿布对试模、跳桌、搅拌锅、叶片进行擦试或覆盖				
	搅拌叶片是否搅拌起锅底材料或与锅底硬接触				
	卡尺正确读取				
	装样时是否按要求插捣				
试验结果	数据的取值	25			
	计算公式				
	结果评定				
	是否有涂改				
	试验报告完整				
安全文明操作	遵守安全文明试验规程	10			
	试验完成后认真清理仪器设备及现场				
扣分及原因分析					
合　计					

子项目 7　水泥胶砂强度试验

7.1　水泥胶砂强度试验前的准备

1. 明确水泥胶砂强度检测的试验目的。

2. 正确使用水泥胶砂搅拌机、三联试模、胶砂振实台和标准养护箱等仪器设备，并检查其是否完好。

3. 熟悉水泥胶砂强度检测标准，牢记试验步骤。

4. 能根据任务要求和试验步骤，合理制定工作计划。

一、写出最新水泥胶砂强度检测标准名称和代号

二、学习水泥胶砂强度检测的有关知识

水泥的强度分为抗折强度和抗压强度，从而确定水泥的强度等级。水泥的强度取决于其熟料矿物的组成和相对含量以及水泥的细度、用水量、试验方法、养护条件、养护时间等。试验首先以 1 份水泥、3 份标准砂和半份水(水灰比 0.5)拌制塑性水泥胶砂，制成 40 mm×

40 mm×160 mm的标准试件，连模一起在标准养护箱中养护24 h；然后脱模在水中养护至规定龄期测定其抗折强度和抗压强度，根据28 d的抗折强度和抗压强度确定水泥的强度等级。

三、写出水泥胶砂强度检测的方法

胶砂的质量配合比应为半份水泥、3份标准砂和半份水(水灰比0.5)，即水泥________g、标准砂________g，水________g拌和制成水泥胶砂。这种方法叫________法。

四、认识水泥胶砂强度检测的主要仪器设备(见图2.37～图2.39)

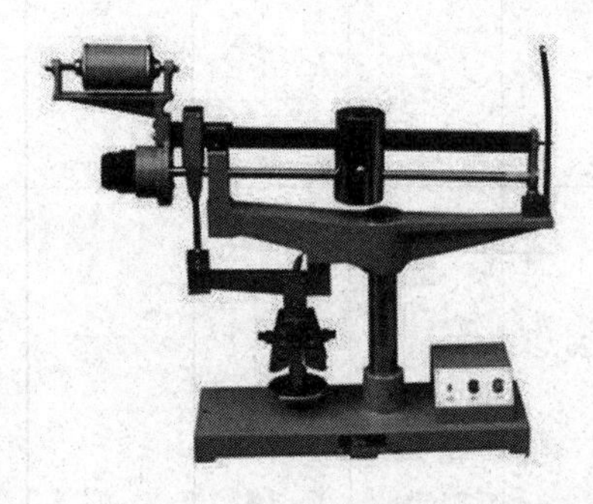

图2.37 水泥抗折机

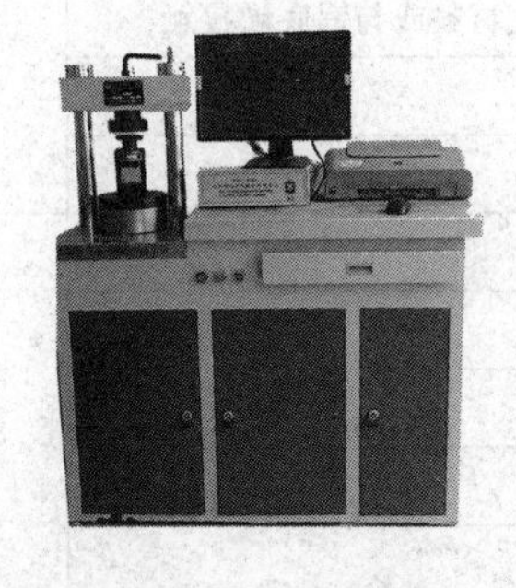

图2.38 水泥恒应力压力机

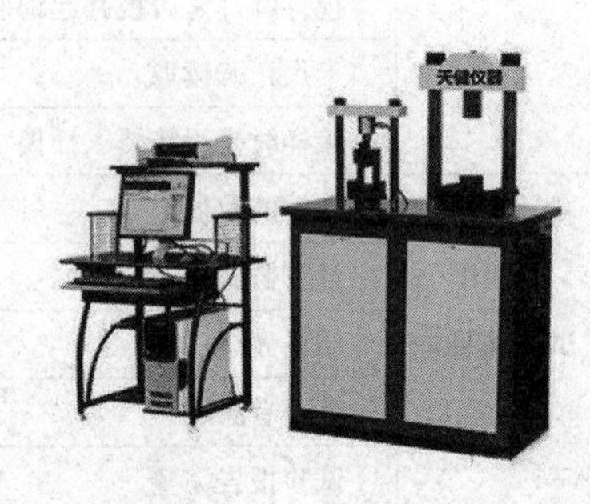

图2.39 水泥抗折抗压一体机

五、认识其他常用试验仪器设备(见图2.40、图2.41)

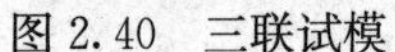

图2.40 三联试模

图2.41 水泥胶砂振实台

六、制定小组试验工作计划

查阅相关试验标准，了解试验任务的基本步骤，根据任务要求，结合试验室仪器设备的实际情况，制定小组试验工作计划。

水泥胶砂强度试验工作计划

1. 人员分工

(1)小组负责人：____________________。

(2)小组成员及分工。

姓　名	分　工

2. 工具及材料清单

序　号	工具或材料名称	单　位	数　量	备　注

七、评价试验准备情况

以小组为单位，展示本组制定的试验工作计划，在教师点评的基础上对试验计划进行修改完善，并根据以下评分标准进行评分。

评价内容	分值	评　分		
		自我评价	小组评价	教师评价
计划制定是否有条理	10			
计划是否全面、完善	10			
人员分工是否合理	10			
任务要求是否明确	20			
工具清单是否正确、完整	20			
材料清单是否正确、完整	20			
团结协作	10			
合　计				

7.2　水泥胶砂强度试验及试验报告完成

1. 能正确使用水泥胶砂搅拌机、振实台、电动抗折机、恒应力压力机、抗折抗压一体机等试验仪器设备。

2. 能正确判断并处理水泥胶砂强度试验操作过程中出现的异常问题。

3. 能将试验仪器设备正确归位并清理现场。

4. 能正确填写试验报告并判定试验结果。

一、准备好试验材料

1. 保质期内的水泥试样要充分拌匀，通过 0.9 mm 方孔筛的水泥 450 g；采用 ISO 标准砂一袋 1 350 g;自来水 225 mL。

2. 制成 40 mm×40 mm×160 mm 的水泥胶砂标准试块三块(见图 2.42)。

图 2.42 水泥胶砂试块

二、检查试验仪器的完好性

(1)水泥胶砂搅拌机:水泥胶砂搅拌机由胶砂搅拌锅和搅拌叶片及相应的机构组成,属行星式搅拌机。

(2)振实台:胶砂试体成型振实台由可以跳动的台盘和使其跳动的轮等组成。台盘上有固定试模用的卡具,并连有两根起稳定作用的臂,轮由电机带动,通过控制器控制按一定的要求转动并保证使台盘平衡上升至一定高度后自由下落,其中心恰好与止动器撞击。振实台应安装在高度约 400 mm 的混凝土基座上。

(3)三联试模:试模由三个水平的模槽组成。可同时成型三条截面为 40 mm×40 mm×160 mm 的棱形试体。在成型操作时,应在试模上面加有一个壁高 20 mm 的金属模套,当从上往下看时,模套壁与模型内壁应该重叠,超出内壁不应大于 1 mm。

(4)抗折强度试验机:通过三根圆柱轴的三个竖向平面应该平行,并在试验时继续保持平行和等距离垂直试体的方向,其中一根支撑圆柱和加荷圆柱能轻微倾斜使圆柱与试体完全接触,以便荷载沿试体宽度方向均匀分布,同时不产生任何扭转应力。

(5)抗压强度试验机:抗压强度试验机,在较大的量程范围内使用时,记录的荷载应满足±1%的精度要求,并能按(2 400±200) N/s 的速率加荷。人工操纵的试验机应配有一个速度动态装置以便于控制荷载增加。

压力机的活塞竖向轴应与压力机的竖向轴重合,活塞作用的合力要通过试件中心。压力机的下压板表面应与压力机的轴线垂直并在加荷过程中一直保持不变。

(6)抗压强度试验机用夹具:当需要使用夹具时,应把它放在压力机的上下压板之间并与压力机处于同一轴线,以便将压力机的荷载传递至胶砂件表面,夹具应符合 JC/T 683 的要求,受压面积为 40 mm×40 mm。夹具要保持清洁,球座应能转动,上压板从一开始就能适应试体的形状并在试验中保持不变。

(7)刮平直尺和播料器:控制料层厚度和刮平胶砂的专用工具。

(8)试验筛、天平、量筒等。

三、试验步骤

步骤	操 作 步 骤	技术要点提示	操作记录及心得体会
1	水泥样品应充分拌匀，通过0.9 mm方孔筛，记录筛余物情况，要防止过筛时混进其他水泥 准备ISO标准砂一袋	对材料有何要求，材料质量比为多少，平时烘干后的砂能否作为标准砂，材料质量精度1 g	
2	检查胶砂搅拌机运转、下砂是否正常。 成型前将试模擦净，用黄干油等密封材料涂覆试模的外接缝，试模的内表面应涂上一薄层机油。其他准备工作同流动度试验	涂黄干油和机油的目的是什么	
3	胶砂制备：每锅胶砂用搅拌机进行机械搅拌。先使搅拌机处于待工作状态，然后按下面的程序进行操作。先把水倒入锅内，再加入水泥，把锅放在固定架上，上升至固定位置后立即开动机器，低速搅拌30 s后，在第二个30 s开始的同时均匀地将砂子加入，当各级砂分装时，从最粗粒级开始，依次将所需的每级砂倒入锅内，再高速拌和30 s，停拌90 s，在第一个15 s内用一胶皮刮具将叶片和锅壁上的胶砂刮入锅中间，再高速继续搅拌60 s。各个搅拌阶段，时间误差应在±1 s以内	准确称取水泥和水，精确至1 g 胶砂搅拌时间240 s拉闸下锅	
4	将空试模和模套固定在振实台上，用小勺从搅拌锅里把胶砂分两层装入试模，装第一层时，每个槽里约放300 g胶砂，用大播料器垂直架在模套顶部沿每个模槽来回一次将料层播平，接着振实60次。再装入第二层胶砂，用小播料器播平，再振实60次，移走模套，从振实台上取下试模，用一金属直尺以近似90°的角度架在试模模顶的一端，然后沿试模长度方向以横向锯割动作慢慢向另一端移动，一次将超过试模部分的胶砂刮去，并用同一直尺以近乎水平的情况下将试体表面抹平。在试模上做标记或加字条对试件编号	注意三联试模装胶砂样每条的均匀性 记录好试件日期和编号	
5	去掉留在试模四周的胶砂，立即将做好标记的试模放入标准养护箱的水平架子上养护。脱模前，用防水墨汁或颜料笔对试体进行编号或做其他标记	湿空气应能与试模各边接触。在养护时不应将试模放在其他试模上，一直养护至(24±2) h的脱模时间时取出脱模	
6	将做好标记的试件立即水平或竖直放在(20±1) ℃水中养护，水平放置时刮平面应朝上，并彼此间保持一定间距，以让水与试件的六个面接触。随后随时加水保持适当的恒定水位	试体龄期从水泥加水搅拌开始试验时算起，水中养护至龄期3 d或28 d做强度测定	
7	抗折强度测定： 将试体一个侧面放在试验机支撑圆柱上，试体长轴垂直于支撑圆柱，通过加荷圆柱以(50±10) N/s的速率均匀地将荷载垂直地加在棱柱体相对侧面上，直至折断 保持两个半截棱柱体处于潮湿状态直至抗压试验	抗折强度R_f以MPa表示，按下式计算： $R_f=\frac{1.5F_fL}{b^3}$ 式中　R_f——抗折强度(MPa)； F_f——破坏荷载(N)； L——支撑圆柱中心距(mm)； b——试件断面正方形的边长，为40 mm	

续上表

步骤	操 作 步 骤	技术要点提示	操作记录及心得体会
8	抗压强度测定： 在半截棱柱体的侧面上进行，半截棱柱体中心与压力机压板受压中心差应在±0.5 mm内，棱柱体露在压板外的部分约10 mm，以(2 400±200) N/s的速率均匀地加荷直至破坏	抗压强度R_c以MPa表示，按下式计算：$R_c=\frac{F_c}{A}$ 式中 R_c——试件的抗压强度(MPa)； F_c——试件破坏时的最大荷载(N)； A——试件受压部分面积(mm^2)，本试验为40 mm×40 mm=1 600 (mm^2)	
9	清洁、整理仪器设备	良好卫生习惯的养成	
10	试验结果处理： (1)以一组3个棱柱体抗折强度的平均值作为试验结果。当3个强度值中有1个超出平均值的±10%时，应将其剔除后再取平均值作为抗折强度试验结果 (2)以一组3个棱柱体上得到的6个抗压强度测定值的算术平均值为试验结果。如6个测定值中有1个超出平均值的±10%，将其剔除，以剩下5个的平均值为测定结果，如果5个测定值中再有超过它们平均值的±10%的，则此组结果作废	各试体的抗折强度记录至0.1 MPa，按规定计算平均值，计算精确到0.1 MPa。各个半棱柱体得到的单个抗压强度结果计算至0.1 MPa，按规定计算平均值，计算精确至0.1 MPa	

四、记录试验数据

水泥胶砂强度测定试验记录

取样地点			使用部位		试验日期		
厂牌种类			水泥等级		试验规程编号		
材料用量 1 350 g砂+450 g水泥+225 g水		3 d龄期			28 d龄期		
		荷载(kN)	强度(MPa)	平均值(MPa)	荷载(kN)	强度(MPa)	平均值(MPa)
	抗折						
	抗压						

试验者________ 组别________ 成绩________ 试验日期________

五、评价试验过程

以小组为单位，展示本组试验结果。根据以下评分标准进行评分。

评价内容		分值	评　分		
			自我评价	小组评价	教师评价
材料准备	ISO 标准砂一袋	20			
	拌和用水准确称取或量取				
	水泥试验前拌匀、筛析				
	水泥称取				
仪器检查准备	试验前准备正确、完整	20			
	胶砂搅拌机运转、下砂正常				
	胶砂振实台跳动是否正常				
	抗折、抗压试验机是否正常				
试验操作	水泥、搅拌用水称样正确	25			
	是否用湿布对试模、试块、搅拌锅、叶片进行擦拭或覆盖				
	三联试模装料的均匀				
	试块的养护方法				
	抗折、抗压检测时试块刮平面的朝向是否正确				
试验结果	数据的取值	25			
	计算公式				
	结果评定				
	是否有涂改				
	试验报告完整				
安全文明操作	遵守安全文明试验规程	10			
	试验完成后认真清理仪器设备及现场				
扣分及原因分析					
合　计					

子项目 8　水泥检测项目的总结与评价

1. 能以小组形式，对学习过程和实训成果进行汇报总结。
2. 完成对学习过程的综合评价。

一、工作总结

以小组为单位，选择演示文稿、展板、海报、录像等形式中的一种或几种，向全班展示，汇报学习成果。

二、综合评价

评价项目	评价内容	评价标准	评价方式		
			自我评价	小组评价	教师评价
职业素养	安全意识、责任意识	A. 作风严谨、自觉遵章守纪、出色完成试验任务 B. 能够遵守规章制度、较好地完成试验任务 C. 遵守规章制度、没完成试验任务或完成试验任务、但忽视规章制度 D. 不遵守规章制度、没完成试验任务			
	学习态度主动	A. 积极参与教学活动，全勤 B. 缺勤达本任务总学时的 10% C. 缺勤达本任务总学时的 20% D. 缺勤达本任务总学时的 30%			
	团队合作意识	A. 与同学协作融洽、团队合作意识强 B. 与同学能沟通、协同试验能力较强 C. 与同学能沟通、协同试验能力一般 D. 与同学沟通困难、协同试验能力较差			
专业能力	学习活动 明确学习任务	A. 按时、完整地完成工作页，问题回答正确 B. 按时、完整地完成工作页，问题回答基本正确 C. 未能按时完成工作页，或内容遗漏、错误较多 D. 未完成工作页			
	学习活动 试验前的准备	A. 学习活动评价成绩为 90～100 分 B. 学习活动评价成绩为 75～89 分 C. 学习活动评价成绩为 60～74 分 D. 学习活动评价成绩为 0～59 分			
	学习活动 试验及试验报告完成	A. 学习活动评价成绩为 90～100 分 B. 学习活动评价成绩为 75～89 分 C. 学习活动评价成绩为 60～74 分 D. 学习活动评价成绩为 0～59 分			
创新能力		学习过程中提出具有创新性、可行性的建议	加分奖励：		
班级			学号		
姓名			综合评价等级		
指导教师			日期		

学习项目二　细集料主要技术性质检测

子项目 1　明确学习任务

学习目标

1. 根据情境描述，认识拌和水泥砂浆所用原材料——细集料(即砂子)的外观。

2. 了解集料的作用、分类。

3. 掌握细集料分类及其技术性质。

4. 能准确记录试验室工作现场的环境条件。

5. 熟悉掌握现场砂子的取样方法及常规检测。

学习过程

一、了解集料知识

集料是指____。

集料在工程中所起的作用是____。

二、掌握集料的分类

根据粒径不同，集料可分为________和________两种。

根据产源不同，细集料可分为____。

细集料俗称____。

三、观察砂子的颜色、形态并了解人工砂石生产(见图 2.43、图 2.44)

颜色：________　　外形：________

图 2.43　细集料

图 2.44　人工砂石生产

四、掌握混凝土用砂的最新执行标准及有害杂质的影响(见表 2.4～表 2.6)

表 2.4　天然砂的含泥量和泥块含量(GB/T ________)

项　　目	Ⅰ类	Ⅱ类	Ⅲ类
含泥量(按质量计)%			
泥块含量(按质量计)%			

表 2.5　人工砂的石粉含量和泥块含量表(GB/T ________)

项　　目			Ⅰ类	Ⅱ类	Ⅲ类
亚甲蓝试验	MB 值≤1.40 或合格	石粉含量(按质量计,%,小于)			
		泥块含量(按质量计,%,小于)			
	MB 值>1.40 或不合格	石粉含量(按质量计,%,小于)			
		泥块含量(按质量计,%,小于)			

表 2.6　砂中有害物质的限量(GB/T ________)

项　　目	Ⅰ类	Ⅱ类	Ⅲ类
云母含量(按质量计,%)			
硫化物及硫酸盐含量(按 SO_3 质量计,%)			
有机物含量(用比色法试验)			
氯化物含量(按氯离子质量计,%)			
轻物质含量(按质量计,%)			

五、学会细集料在砂堆上的取样方法(见图 2.45)

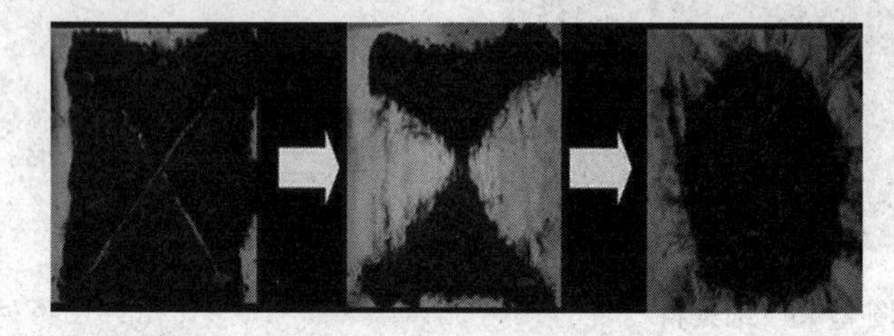

图 2.45　四分缩分法

四分法:____

____

六、熟悉试验室环境

了解试验室温度、湿度标准要求,正确记录试验室温湿度(见图 2.46)。

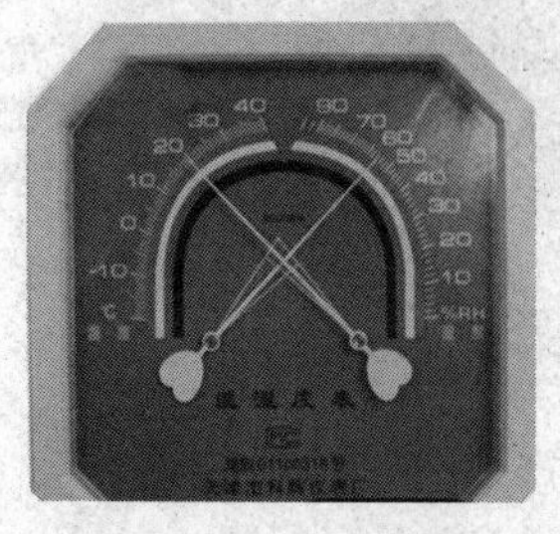

图 2.46　温湿度表

图中温度:________　　湿度:________

七、熟悉细集料相关检测标准要求

检　测　项　目	标　准　要　求
1. 表观密度检测	
2. 堆积密度及紧装密度检测	
3. 含泥量检测	
4. 泥块含量检测	
5. 颗粒级配及粗细程度检测	

子项目2　细集料表观密度试验

2.1　细集料表观密度试验前的准备

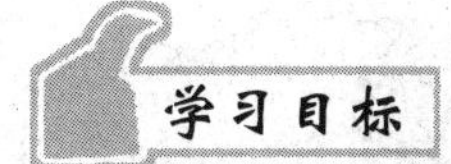

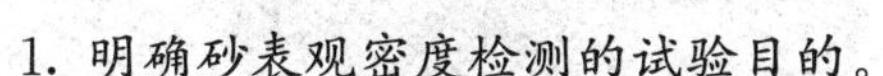
1. 明确砂表观密度检测的试验目的。

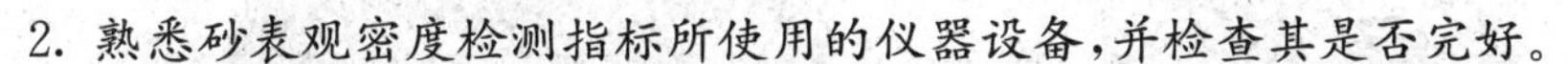
2. 熟悉砂表观密度检测指标所使用的仪器设备,并检查其是否完好。

3. 熟悉砂表观密度检测标准,牢记试验步骤。

4. 能根据任务要求和试验步骤,合理制定工作计划。

一、写出砂表观密度最新检测标准和代号

二、学习砂表观密度检测的有关知识

砂的表观密度是砂单位体积(含材料的实体矿物成分及闭口孔隙体积)物质颗粒的干质量,并为空隙率的计算和水泥混凝土配合比的设计提供数据。

在工程实际应用中,常将土木工程材料分为块状材料和堆积材料。块状材料的体积由实体部分、开口孔隙和闭口孔隙组成,堆状材料再加上颗粒间的空隙体积。

砂的表观密度标准要求大于 2 500 kg/m³。

三、写出砂表观密度检测的方法

四、认识砂表观密度检测的主要仪器设备(见图 2.47)

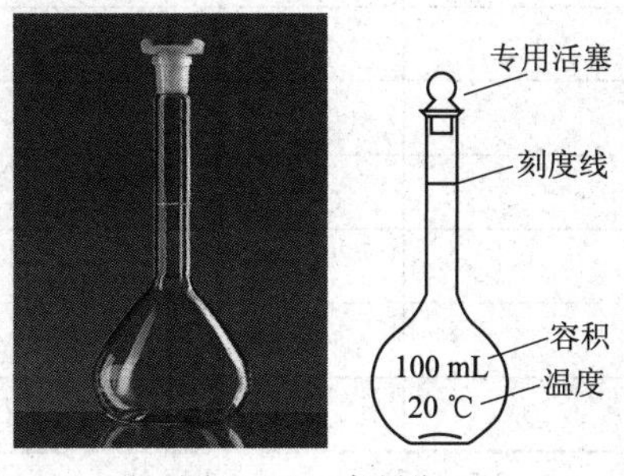

图 2.47　容量瓶

五、认识其他常用试验仪器(见图 2.48~图 2.51)

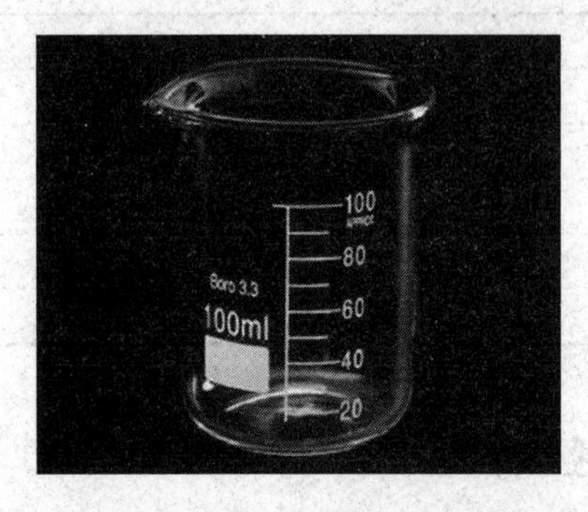

图 2.48　量杯

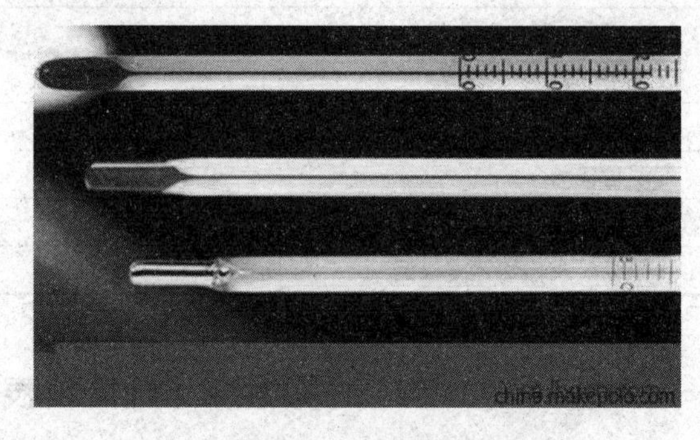

图 2.49　温度计

图 2.50　干燥器

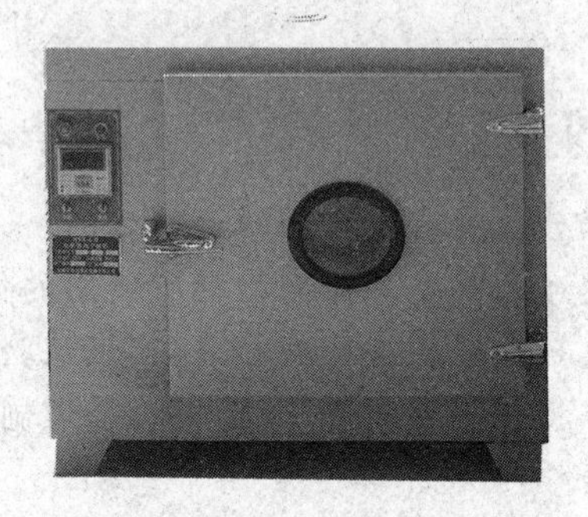

图 2.51　烘箱

六、制定小组试验工作计划

查阅相关试验标准,了解试验任务的基本步骤,根据任务要求,结合试验室仪器设备的实际情况,制定小组试验工作计划。

细集料表观密度试验工作计划

1. 人员分工

(1)小组负责人:____________________。

(2)小组成员及分工。

姓　　名	分　　工

2. 工具及材料清单

序　号	工具或材料名称	单　位	数　量	备　注

七、评价试验准备情况

以小组为单位，展示本组制定的试验工作计划，在教师点评的基础上对试验计划进行修改完善，并根据以下评分标准进行评分。

评价内容	分值	评　分		
		自我评价	小组评价	教师评价
计划制定是否有条理	10			
计划是否全面、完善	10			
人员分工是否合理	10			
任务要求是否明确	20			
工具清单是否正确、完整	20			
材料清单是否正确、完整	20			
团结协作	10			
合　计				

2.2　细集料表观密度试验及试验报告完成

1. 能正确使用容量瓶，准确读数。
2. 能正确判断并处理试验操作过程中出现的异常问题。
3. 能将试验仪器设备正确归位并清理现场。
4. 能正确填写试验报告并判定试验结果。

一、准备好试验材料

经(105±5) ℃烘干至恒重冷却后干燥的砂，四分缩分法取样；(20±5) ℃的蒸馏水或自来水。

二、检查试验仪器的完好性

(1)天平：称量 1 kg，感量 0.1 g。

(2)容量瓶:250 mL。

(3)烘箱:能使温度控制在(105±5) ℃。

(4)烧杯。

(5)其他:干燥器、浅盘、料勺、滴管、毛刷、温度计等。

三、试验步骤(容量瓶法)

步骤	操作步骤	技术要点提示	操作记录及心得体会
1	称取烘干的试样 150 g(G_0),精确至 0.1 g,将试样装入容量瓶中。注入 15～25 ℃的温开水,接近刻度线	对材料有何要求	
2	摇转容量瓶,使试样在已保温至(23±2) ℃的水中充分搅动以排除气泡,塞紧瓶塞;静置 24 h 左右,然后用滴管添水,使水面与瓶颈刻度线平齐,再塞紧瓶塞,擦干瓶外水分,称其总质量(G_2)	水面与瓶颈刻度线平齐时眼睛一定要平视。天平称量精确至 1 g	
3	倒出瓶中的水和试样,将瓶的内外表面洗净,再向瓶内注入与上水温相差不超过 2 ℃的蒸馏水至瓶颈刻度线,塞紧瓶塞,擦干瓶外水分,称其总质量(G_1)	注意控制水温	
4	清洁整理仪器设备	良好卫生习惯的养成	
5	计算试验结果:以两次平行试验结果的算术平均值作为测定值,如两次结果之差值大于 0.02 g/cm³时,应重新取样进行试验。采用修约值比较法进行评定	表观密度 ρ_a 按下式计算,准确至小数点后 3 位 $\rho_a=\left(\frac{G_0}{G_0+G_1-G_2}-\alpha_t\right)\times\rho_水$ 式中 ρ_a——细集料的表观密度(g/cm³); $\rho_水$——水在 4 ℃时的密度(1 000 kg/m³); α_t——试验时的水温对水的密度影响的修正系数,见下表;	

不同水温时水的密度ρ_T及水温修正系数α_t

水温(℃)	15	16	17	18	19	20
水的密度 ρ_T (g/cm³)	0.999 13	0.998 97	0.998 80	0.998 62	0.998 43	0.998 22
水温修正系数 α_t	0.002	0.003	0.003	0.004	0.004	0.005
水温(℃)	21	22	23	24	25	
水的密度 ρ_T (g/cm³)	0.998 02	0.997 79	0.997 56	0.997 33	0.997 02	
水温修正系数 α_t	0.005	0.006	0.006	0.007	0.007	

四、记录试验数据

细集料表观密度(视比重)试验记录

试验次数	试样烘干质量 G_0(g)	试样、水加容量瓶的质量 G_2(g)	水加容量瓶的质量 G_1(g)	表观密度 ρ_a(g/cm³)		水温修正系数 α_t
				个别	平均	
1						
2						

试验者________　　组别________　　成绩________　　试验日期________

五、评价试验过程

以小组为单位，展示本组试验结果。根据以下评分标准进行评分。

评价内容		分值	评　分		
			自我评价	小组评价	教师评价
材料准备	四分缩分取样	20			
	砂是否经烘干冷却				
	筛除大于 4.75 mm 的颗粒				
	水温控制				
仪器检查准备	试验前准备正确、完整	20			
	容量瓶有无破损				
	温度计良好				
	天平是否水平				
试验操作	砂称样正确	25			
	有无漏砂、湿砂现象				
	容量瓶加水超刻度线过多				
	眼睛是否与刻度线平齐				
	容量瓶称量时有无抹干				
试验结果	数据的取值	25			
	计算公式				
	结果评定				
	是否有涂改				
	试验报告完整				
安全文明操作	遵守安全文明试验规程	10			
	试验完成后认真清理仪器设备及现场				
扣分及原因分析					
合　计					

子项目 3　细集料堆积密度与紧装密度试验

3.1　细集料堆积密度与紧装密度试验前的准备

1. 明确砂堆积密度与紧装密度检测的试验目的。

2. 熟悉砂堆积密度与紧装密度检测指标所使用的仪器设备。

3. 熟悉砂堆积密度与紧装密度检测标准，牢记试验步骤。

4. 能根据任务要求和试验步骤，合理制定工作计划。

学习过程

一、写出砂堆积密度的最新检测标准和代号

____

二、学习砂堆积密度检测的有关知识

砂的堆积密度是指砂颗粒材料在自然堆积状态下单位体积的质量。它的堆积体积除包含其密实体积外，还包含材料内部的孔隙体积和外部颗粒之间的空隙体积，因此其试验方法一般是将自然状态下的砂装满一定容积的容器中，则容器的容积即为砂材料的堆积体积。堆积密度又根据砂材料在堆积时的紧密程度分为松散堆积密度（自然堆积密度）和紧装堆积密度（紧密堆积状态）。根据砂在自然状态下的堆积密度及表观密度，可计算砂的空隙率，为水泥混凝土配合比设计提供数据。

$$\text{空隙率}=(1-\text{堆积密度}/\text{表观密度})\times 100\% \tag{2.1}$$

三、写出砂堆积密度检测的方法

标准漏斗法____

____

四、认识砂堆积密度检测的主要仪器设备（见图 2.52）

图 2.52　标准漏斗

五、认识其他常用试验仪器（见图 2.53、图 2.54）

图 2.53　容量筒

图 2.54　标准筛

六、制定小组试验工作计划

查阅相关试验标准，了解试验任务的基本步骤，根据任务要求，结合试验室仪器设备的实际情况，制定小组试验工作计划。

细集料堆积密度与紧装密度试验工作计划

1. 人员分工

(1)小组负责人：____________________。

(2)小组成员及分工。

姓　　名	分　　工

2. 工具及材料清单

序　　号	工具或材料名称	单　　位	数　　量	备　　注

七、评价试验准备情况

以小组为单位，展示本组制定的试验工作计划，在教师点评的基础上对试验计划进行修改完善，并根据以下评分标准进行评分。

评价内容	分值	评　　分		
		自我评价	小组评价	教师评价
计划制定是否有条理	10			
计划是否全面、完善	10			
人员分工是否合理	10			
任务要求是否明确	20			
工具清单是否正确、完整	20			
材料清单是否正确、完整	20			
团结协作	10			
合　　计				

3.2 细集料堆积密度与紧装密度试验及报告完成

1. 能正确使用标准漏斗，在天平上正确读数。
2. 能正确判断处理试验操作过程中出现的异常问题。
3. 能将试验仪器设备正确归位并清理现场。
4. 能正确填写试验报告并判定试验结果。

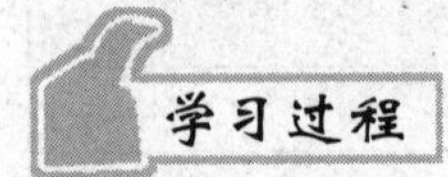

一、准备好试验材料

经(105±5) ℃烘干至恒重冷却后干燥的砂，四分缩分取样。

二、检查试验仪器的完好性

(1)天平：称量 10 kg，感量 1 g。

(2)容量筒：金属制，圆筒形，内径 108 mm，净高 109 mm，筒壁厚 2 mm，筒底厚 5 mm，容积约为 1 L。

(3)标准漏斗。

(4)烘箱：能使温度控制在(105±5) ℃。

(5)方孔筛：4.75 mm 的筛一只。

(6)垫棒：直径 10 mm，长 500 mm 的圆钢。

(7)其他：直尺、漏斗、料勺、浅盘、毛刷等。

三、试验步骤

步骤	操作步骤	技术要点提示	操作记录及心得体会
1	按规定取样，用浅盘装试样约 3L，在温度为(105±5) ℃的烘箱中烘干至恒量，取出并冷却至室温，筛除大于 4.75 mm 的颗粒，分成大致相等的两份备用	试样烘干后如有结块，应在试验前先捏碎	
2	将试样装入漏斗中，打开底部的活动门，将砂流入容量筒中，直至试样装满并超出容量筒筒口(呈锥体)，用直尺将多余的试样沿筒口中心线向两个相反方向刮平(试验过程中应防止触动容量筒)，称取质量(G_1)	称量精确至 1 g	
3	取试样 1 份，分两层装入容量筒，装完一层后，在筒底垫放一根直径为 10 mm 的钢筋，将筒按住，左右交替颠击地面各 25 下，然后再装入第二层。第二层装满后用同样方法颠实(但筒底所垫钢筋的方向应与第一层放置方向垂直)。第二层装完并颠实后，添加试样超出容量筒筒口，然后用直尺将多余的试样沿筒口中心线向两个相反方向刮平，称其质量(G_2)	称量精确至 1 g	
4	清洁整理仪器设备	良好卫生习惯的养成	

续上表

步骤	操作步骤	技术要点提示	操作记录及心得体会
5	计算试验结果： 以两次试验结果的算术平均值作为测定值	堆积密度 ρ 及紧装密度 ρ' 分别按下式计算，精确至 0.01 g/cm³。 $$\rho=\frac{G_1-G_0}{V}$$ $$\rho'=\frac{G_2-G_0}{V}$$ 式中　ρ——砂的堆积密度(g/cm³)； ρ'——砂的紧装密度(g/cm³)； G_0——容量筒的质量(g)； G_1——容量筒和堆积密度砂总质量(g)； G_2——容量筒和紧装密度砂总质量(g)； V——容量筒容积(mL)	

四、记录试验记数据

细集料堆积密度试验记录

试验次数	容量筒体积 V(mL)	容量筒质量 G_0(g)	容量筒和堆积密度砂总质量 G_1(g)	砂质量(G_1-G_0)(g)	堆积密度 ρ(g/cm³)		备　注
					个别	平均	
1							
2							

试验者________　　组别________　　成绩________　　试验日期________

细集料紧装密度试验记录

试验次数	容量筒体积 V(mL)	容量筒质量 G_0(g)	容量筒和紧装密度砂总质量 G_2(g)	砂质量(G_2-G_0)(g)	紧装密度 ρ'(g/cm³)		备　注
					个别	平均	
1							
2							

试验者________　　组别________　　成绩________　　试验日期________

砂的空隙率计算

试验次数	砂的堆积密度 ρ(g/cm³)	砂的表观密度 ρ_a(g/cm³)	砂的空隙率 V_0(%)	备　注
1				
2				

试验者________　　组别________　　成绩________　　试验日期________

五、评价试验过程

以小组为单位，展示本组试验结果。根据以下评分标准进行评分。

<table>
<tr><th colspan="2" rowspan="2">评价内容</th><th rowspan="2">分值</th><th colspan="3">评　分</th></tr>
<tr><th>自我评价</th><th>小组评价</th><th>教师评价</th></tr>
<tr><td rowspan="4">材料准备</td><td>四分缩分取样</td><td rowspan="4">20</td><td rowspan="4"></td><td rowspan="4"></td><td rowspan="4"></td></tr>
<tr><td>砂是否经烘干冷却至恒重</td></tr>
<tr><td>是否筛除大于 4.75 mm 的颗粒</td></tr>
<tr><td>材料准备充分</td></tr>
<tr><td rowspan="4">仪器检查准备</td><td>试验前准备正确、完整</td><td rowspan="4">20</td><td rowspan="4"></td><td rowspan="4"></td><td rowspan="4"></td></tr>
<tr><td>标准漏斗阀门开关是否灵活,下料是否通畅</td></tr>
<tr><td>容量筒有无破损漏料</td></tr>
<tr><td>天平是否水平</td></tr>
<tr><td rowspan="5">试验操作</td><td>砂及容量筒称重正确</td><td rowspan="5">25</td><td rowspan="5"></td><td rowspan="5"></td><td rowspan="5"></td></tr>
<tr><td>容量筒四周溢满料刮平</td></tr>
<tr><td>紧装堆积是否两次垂直颠击各 25 下</td></tr>
<tr><td>容量筒称量时手把是否清扫</td></tr>
<tr><td>试验步骤清晰有序</td></tr>
<tr><td rowspan="5">试验结果</td><td>数据的取值</td><td rowspan="5">25</td><td rowspan="5"></td><td rowspan="5"></td><td rowspan="5"></td></tr>
<tr><td>计算公式</td></tr>
<tr><td>结果评定</td></tr>
<tr><td>是否有涂改</td></tr>
<tr><td>试验报告完整</td></tr>
<tr><td rowspan="2">安全文明操作</td><td>遵守安全文明试验规程</td><td rowspan="2">10</td><td rowspan="2"></td><td rowspan="2"></td><td rowspan="2"></td></tr>
<tr><td>试验完成后认真清理仪器设备及现场</td></tr>
<tr><td colspan="2">扣分及原因分析</td><td></td><td></td><td></td><td></td></tr>
<tr><td colspan="2">合　计</td><td></td><td></td><td></td><td></td></tr>
</table>

子项目 4　细集料筛分析试验

4.1　细集料筛分析试验前的准备

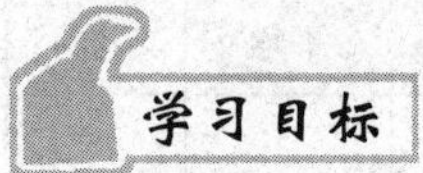

1. 明确砂筛分析检测的试验目的。
2. 熟悉砂筛分析检测指标所使用的仪器设备。
3. 熟悉砂筛分析检测标准,牢记试验步骤。
4. 能根据任务要求和试验步骤,合理制定工作计划。

一、写出砂筛分最新检测标准名称和代号

____

二、学习砂筛分检测的有关知识

砂的颗粒级配是指砂中大小颗粒互相搭配的情况。如果大小颗粒搭配适当,小颗粒的砂恰好填满中等颗粒砂的空隙,而中等颗粒的砂又恰好填满大颗粒砂的空隙,这样彼此之间互相填满,使得砂的总空隙率降到最小,因此砂的级配良好也就意味着砂的空隙率较小。

砂的粗细程度是指不同粒径的砂混合在一起后的总体粗细程度。通常有粗砂、中砂和细砂之分。

砂的颗粒级配和粗细程度常用筛分析的方法来测定。筛分析法是用一套标准筛,将砂子试样依次进行筛分,标准筛由孔径为 9.50 mm、4.75 mm、2.36 mm、1.18 mm、600 μm、300 μm 和 150 μm 的 7 只筛子组成,将 500 g 干砂由粗到细依次过筛,然后称得余留在各个筛子上的砂子质量为分计筛余量;各分计筛余量占砂子试样总质量的百分率称为分计筛余百分率,分别用 a_1、a_2、a_3、a_4、a_5、a_6 表示;各筛上及所有孔径大于该筛的分计筛余百分率之和称为累计筛余百分率,分别用 A_1、A_2、A_3、A_4、A_5 和 A_6 表示,它们的关系如表 2.7 所示。

表 2.7　分计筛余和累计筛余的关系

筛孔尺寸	分计筛余量(g)	分计筛余率(%)	累计筛余率(%)
4.75 mm	m_1	$a_1 = m_1/m$	$A_1 = a_1$
2.36 mm	m_2	$a_2 = m_2/m$	$A_2 = a_1 + a_2$
1.18 mm	m_3	$a_3 = m_3/m$	$A_3 = a_1 + a_2 + a_3$
600 μm	m_4	$a_4 = m_4/m$	$A_4 = a_1 + a_2 + a_3 + a_4$
300 μm	m_5	$a_5 = m_5/m$	$A_5 = a_1 + a_2 + a_3 + a_4 + a_5$
150 μm	m_6	$a_6 = m_6/m$	$A_6 = a_1 + a_2 + a_3 + a_4 + a_5 + a_6$
筛　底	m_7		

注:m 为砂子试样的总质量,$m = m_1 + m_2 + m_3 + m_4 + m_5 + m_6 + m_7$。

根据国家标准规定,砂按 600 μm 筛孔的累计筛余率(A_4)可分为 3 个级配区,A_4=71%～85%为Ⅰ区,A_4=41%～70%为Ⅱ区,A_4=16%～40%为Ⅲ区,建筑用砂的实际颗粒级配(各 A 值)应处于表 2.8 中的任何一个级配区内,说明砂子的级配良好。但表中所列的累计筛余率,除 4.75 mm 和 600 μm 筛外,允许有超出分区界线,但其总量不应大于 5%,否则为级配不合格。

表 2.8　砂的颗粒级配表(GB/T ________)

筛孔尺寸	级配区		
	Ⅰ区	Ⅱ区	Ⅲ区
	累计筛余率(%)		
9.50 mm	0	0	0
4.75 mm	10～0	10～0	10～0
2.36 mm	35～5	25～0	15～0
1.18 mm	65～35	50～10	25～0
600 μm	85～71	70～41	40～16
300 μm	95～80	92～70	85～55
150 μm	100～90	100～90	100～90

注：砂的级配除 4.75 mm 和 600 μm 筛档外，可以略有超出，但各级累计筛余超出值总和应不大于5%。

以累计筛余百分率为纵坐标，以筛孔尺寸为横坐标，根据表 2.8 的规定，可画出 3 个级配区的筛分曲线，如图 2.55 所示。当试验砂的筛分曲线落在 3 个级配区之一的上、下线界限之间时，可认为砂的级配为合格。

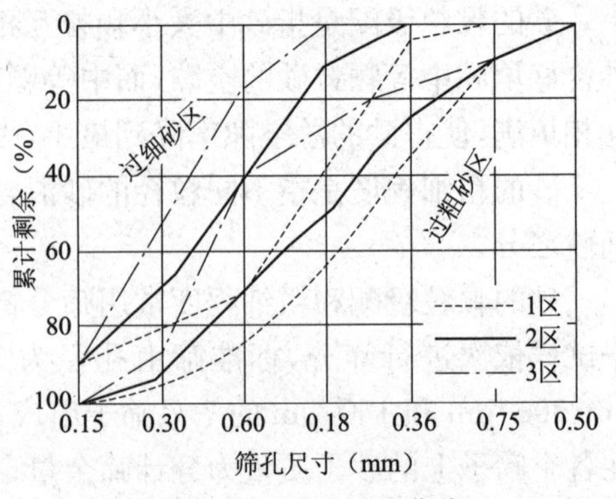

图 2.55　砂的级配曲线

用筛分方法来分析细集料的颗粒级配，只能对砂的粗细程度做出大致的区分，而对于同一个级配区内粗细程度不同的砂，则需要用细度模数来进一步评定砂的粗细程度。

砂的粗细程度用细度模数 M_x 来表示，即

$$M_x=\frac{A_2+A_3+A_4+A_5+A_6-5A_1}{100-A_1} \tag{2.2}$$

式中　M_x——砂的细度模数；

A_1,A_2,A_3,A_4,A_5,A_6——各筛的累计筛余百分率(%)。

细度模数越大，表示砂越粗。按细度模数可将砂分为粗砂 $M_x=3.7\sim3.1$，中砂 $M_x=3.0\sim2.3$，细砂 $M_x=2.2\sim1.6$。

三、掌握砂颗粒级配和粗细程度检测的方法

对水泥混凝土用细集料可采用干筛法，如果需要也可采用水洗法筛分；对沥青混合料及基层用细集料必须用水洗法筛分。

四、认识砂筛分析试验的主要仪器设备(见图 2.56～图 2.58)

图 2.56　摇筛机一

图 2.57　摇筛机二

图 2.58　砂套筛

五、认识其他常用试验仪器及使用方法(见图 2.59)

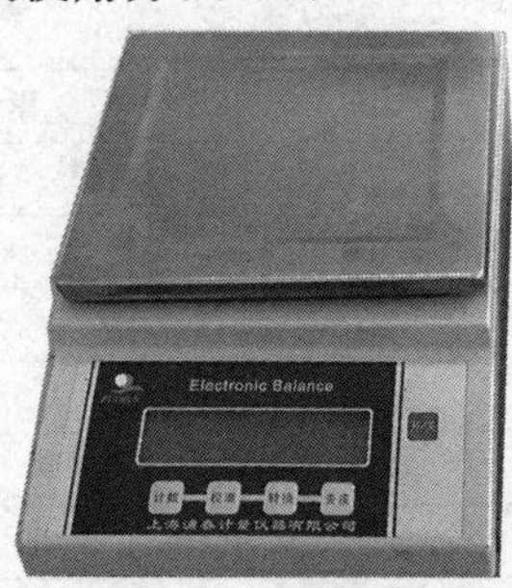

图 2.59　电子天平

六、制定小组试验工作计划

查阅相关试验标准，了解试验任务的基本步骤，根据任务要求，结合试验室仪器设备的实际情况，制定小组试验工作计划。

细集料筛分析试验工作计划

1. 人员分工

(1)小组负责人：____________________。

(2)小组成员及分工。

姓　名	分　工

2. 工具及材料清单

序　号	工具或材料名称	单　位	数　量	备　注

七、评价试验准备情况

以小组为单位，展示本组制定的试验工作计划，在教师点评的基础上对试验计划进行修改完善，并根据以下评分标准进行评分。

评价内容	分值	评　分		
		自我评价	小组评价	教师评价
计划制定是否有条理	10			
计划是否全面、完善	10			
人员分工是否合理	10			
任务要求是否明确	20			
工具清单是否正确、完整	20			
材料清单是否正确、完整	20			
团结协作	10			
合　计				

4.2　细集料筛分析试验及报告完成

1. 能正确使用砂标准套筛和摇筛机，在天平上正确取值读数。

2. 能正确判断并处理试验操作过程中出现的异常问题。

3. 能将试验仪器设备正确归位并清理现场。

4. 能正确填写试验报告并判定试验结果。

一、准备好试验材料

按规定取样,用9.5 mm筛(水泥混凝土用天然砂)或4.75 mm(沥青路面及基层用天然砂、石屑、机制砂等)筛除去其中的超粒径材料(并算出筛余百分率);然后将样品在潮湿状态下充分拌匀,用四分法缩分至每份不少于550 g的试样两份;在(105±5) ℃的烘箱中烘干至恒重,冷却至室温后备用。

二、检查试验仪器的完好性

(1)方孔筛;规格为9.5 mm、4.75 mm、2.36 mm、1.19 mm、0.6 mm、0.3 mm、0.15 mm各一只,并有筛底和筛盖。

(2)天平:称量1 000 g,感量不大于1 g。

(3)摇筛机。

(4)烘箱:能控制温度在(105±5) ℃。

(5)其他:浅盘和硬、软毛刷等。

三、试验步骤(干筛法)

步骤	操作步骤	技术要点提示	操作记录及心得体会
1	按规定取样,在温度为(105±5) ℃的烘箱中烘干至恒量,取出并冷却至室温,筛除大于9.5 mm的颗粒,分成每份不少于550 g的两份备用。 将套筛由筛孔尺寸4.75 mm以下按由大到小顺序从上至下排列	四分法缩分取样	
2	称取烘干试样约500 g(m_0),置于套筛的最上面一只,即4.75 mm筛上,将套筛装入摇筛机,摇筛约10 min,然后取出套筛,再按筛孔大小顺序,从最大的筛号开始,在清洁的浅盘上逐个进行手筛,筛至每分钟的通过量小于试样总质量的0.1%时为止,通过的试样颗粒并入下一号筛,和下一号筛中的试样一起过筛,以此顺序进行至各号筛全部筛完为止	称量精确至1 g 无摇筛机时,可直接用手筛	
3	称出各号筛的筛余量,称量精确至1 g	所有各筛的分计筛余量和底盘中剩余量之和与原试样质量(m_1)之差超过1%时,应重新试验	
4	平行试验两次		
5	清洁整理仪器设备	良好卫生习惯的养成	

续上表

步骤	操作步骤	技术要点提示	操作记录及心得体会
6	计算试验结果： 应进行两次平行试验，以试验结果的算术平均值作为测定值。累计筛余百分率的平均值，精确至1%。分别计算各号筛的累计筛余百分率。计算细度模数平均值，精确至0.1。如两次试验所得的细度模数之差大于0.2，应重进行试验	(1)计算分计筛余百分率： 各号筛上的筛余量除以试样总量(m_1)之比，精确至0.1% (2)计算累计筛余百分率： 该号筛的分计筛余百分率加上该号筛以上的各号筛的分计筛余百分率之和，精确至0.1% (3)计算质量通过百分率： 各号筛的质量通过百分率等于100减去该号筛的累计筛余百分率，精确至0.1% (4)根据各筛的累计筛余百分率或通过百分率，绘制级配曲线 (5)天然砂的细度模数按下式计算，精确至0.01 $M_x=\dfrac{A_{0.15}+A_{0.3}+A_{0.6}+A_{1.18}+A_{2.36}-5A_{4.75}}{100-A_{4.75}}$ 式中　M_x——砂的细度模数； $A_{0.15},A_{0.3},\cdots,A_{4.75}$——0.15 mm，0.3 mm，…，4.75 mm各筛上的累计筛余百分率(%)	

四、记录试验数据

细集料筛分析试验记录

项目名称		取样地点	
使用范围		试验规程	
试验单位		试验日期	
试样质量	Ⅰ＝　　g	Ⅱ＝　　g	

筛孔尺寸(mm)	分计筛余(g)		分计筛余百分率(%)		累计筛余百分率(%)			级配曲线
	Ⅰ	Ⅱ	Ⅰ	Ⅱ	Ⅰ	Ⅱ	平均值	累计饰余（%）：100, 90, 80, 70, 60, 50, 40, 30, 20, 10, 0 粒径（mm）
					A_1	A_1		
					A_2	A_2		
					A_3	A_3		
					A_4	A_4		
					A_5	A_5		
					A_6	A_6		
筛底								

砂的细度模数	$M_x=[(A_2+A_3+A_4+A_5+A_6)-5A_1]/(100-A_1)$	Ⅰ	
		Ⅱ	
		平均值	
结　论	属　　　　砂，颗粒级配处于　　　　区，级配		

试验者________　　组别________　　成绩________　　试验日期________

五、评价试验过程

以小组为单位，展示本组试验结果，根据以下评分标准进行评分。

评价内容		分值	评分		
			自我评价	小组评价	教师评价
材料准备	砂样是否搅拌均匀四分缩分取样	20			
	砂是否经烘干冷却至恒重				
	是否筛除大于9.5 mm的颗粒				
	材料准备充分				
仪器检查准备	试验前准备正确、完整	20			
	砂筛有无破损				
	砂套筛号由大到小整齐排列				
	天平是否水平				
试验操作	砂称重取值正确	25			
	试验中无漏料、洒料				
	每级筛充分筛至每分钟的通过量小于试样总质量的0.1%				
	套筛在试验中摆放整齐、不零乱				
	试验步骤清晰有序				
试验结果	数据的取值	25			
	计算公式				
	结果评定				
	是否有涂改				
	试验报告完整				
安全文明操作	遵守安全文明试验规程	10			
	试验完成后认真清理仪器设备及现场				
扣分及原因分析					
合　计					

子项目5　细集料含泥量与泥块试验

5.1　细集料含泥量与泥块含量试验前的准备

1. 明确砂含泥量、泥块含量检测的试验目的。
2. 熟悉砂含泥量、泥块含量检测指标所使用的仪器设备。
3. 熟悉砂含泥量、泥块含量检测标准，牢记试验步骤。
4. 能根据任务要求和试验步骤，合理制定工作计划。

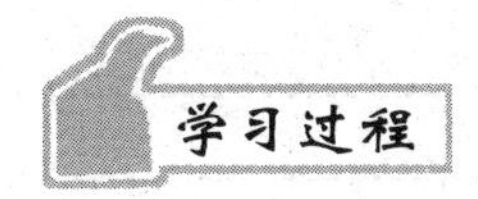

一、写出最新砂含泥量和泥块含量检测标准名称和代号

二、学习砂的含泥量和泥块含量检测的有关知识

砂中有害杂质主要有:泥、泥块、硫化物、硫酸盐、有机物、轻物质、云母、草根、树叶、树枝、塑料品、煤块、炉渣等。泥和泥块与水作用形成泥浆,包裹在砂粒表面,影响水泥与砂的黏结,增大混凝土的用水量,降低混凝土的强度和耐久性,增大干缩,所以它对混凝土是有害的,必须严格控制。

含泥量是指粒径小于0.075 mm的颗粒含量,泥块含量则指砂中粒径大于1.18 mm,经水浸洗、手捏后小于0.6 mm的颗粒含量。

三、掌握砂含泥量和泥块含量检测的方法(冲洗法)

含泥量的检测:本方法仅用于测定天然砂中粒径小于0.075 mm的尘屑、淤泥和黏土的含量。不适用于人工砂、石屑等矿粉成份较多的细集料。

泥块含量的检测:测定水泥混凝土用砂中颗粒大于1.18 mm的泥块含量。

四、认识砂含泥量和泥块含量检测的主要仪器设备(见图2.60、图2.61)

图2.60　标准筛

图2.61　标准方孔筛

五、制定小组试验工作计划

查阅相关试验标准,了解试验任务的基本步骤,根据任务要求,结合试验室仪器设备的实际情况,制定小组试验工作计划。

细集料含泥量、泥块含量试验工作计划

1. 人员分工

(1)小组负责人:____________________。

(2)小组成员及分工。

姓　名	分　工

2. 工具及材料清单

序　号	工具或材料名称	单　位	数　量	备　注

六、评价试验准备情况

以小组为单位，展示本组制定的试验工作计划，在教师点评的基础上对试验计划进行修改完善，并根据以下评分标准进行评分。

评价内容	分值	评　分		
		自我评价	小组评价	教师评价
计划制定是否有条理	10			
计划是否全面、完善	10			
人员分工是否合理	10			
任务要求是否明确	20			
工具清单是否正确、完整	20			
材料清单是否正确、完整	20			
团结协作	10			
合　计				

5.2 细集料含泥量与泥块含量试验及报告完成

1. 能正确使用不同筛号的砂筛分别对砂中的泥和泥块进行淘洗，并对水洗前后烘干砂样在电子天平上正确取值读数。

2. 能正确判断并处理试验操作过程中出现的异常问题。

3. 能将试验仪器设备正确归位并清理现场。

4. 能正确填写试验报告并判定试验结果。

一、准备好试验材料

含泥量检测：将试样缩分至约1 100 g，放在烘箱中于(105±5) ℃下烘干至恒量，待冷却至室温后，分为大致相等的两份备用。

泥块含量检测：按规定取样，并将试样缩分至约 5 000 g，放在烘箱中于(105±5) ℃下烘干至恒量，待冷却至室温后，筛除小于 1.18 mm 的颗粒，分为大致相等的两份备用。

二、检查试验仪器的完好性

1. 含泥量检测仪器设备

(1)鼓风烘箱：能使温度控制在(105±5) ℃。

(2)天平：称量 1 000 g，感量 0.1 g。

(3)方孔筛：孔径为 750 μm 及 1.18 mm 的筛各 1 只。

(4)容器：要求淘洗试样时，保持试样不溅出(深度大于 250 mm)。

(5)搪瓷盘、毛刷等。

2. 泥块含量检测仪器设备

(1)鼓风烘箱：能使温度控制在(105±5) ℃。

(2)天平：称量 1 000 g，感量 0.1 g。

(3)方孔筛：孔径为 600 μm 及 1.18 mm 的筛各 1 只。

(4)容器：要求淘洗试样时，保持试样不溅出(深度大于 250 mm)。

(5)搪瓷盘、毛刷等。

三、试验步骤(冲洗法)

步骤	操作步骤	技术要点提示	操作记录及心得体会
1	含泥量检测： (1)称取试样 500 g。将试样倒入淘洗容器中，注入清水，使水面高出试样面约 150 mm，充分搅拌均匀后，浸泡 2 h，然后用手在水中淘洗试样，使尘屑、淤泥和黏土与砂粒分离，把浑水缓缓倒入 1.18 mm 及 75 μm 的套筛上，滤去小于 75 μm 的颗粒 (2)再向容器中注入清水，重复上述操作，直至容器内的水目测清澈为止 (3)用水淋洗剩余在筛上的细粒，并将 75 μm 筛放在水中(使水面略高出筛中砂粒的上表面)来回摇动，充分洗掉小于 75 μm 的颗粒，然后将两只筛的筛余颗粒和清洗容器中已经洗净的试样一并倒入搪瓷盘，放在烘箱中于(105±5) ℃下烘干至恒量，待冷却至室温后，称出其质量	1.18 mm 筛放在 75 μm 筛上面，试验前筛子的两面应先用水润湿，在整个过程中应小心防止砂粒流失 称量精确至 0.1 g	
2	泥块含量检测： (1)称取试样 200 g，将试样倒入淘洗容器中，注入清水，使水面高于试样面约 150 mm，充分搅拌均匀后，浸泡 24 h。然后用手在水中碾碎泥块再把试样放在 600 μm 筛上水淘洗，直至容器内的水目测清澈为止 (2)保留下来的试样小心地从筛中取出，装入浅盘后，放在烘箱中于(105±5) ℃下烘干至恒量，待冷却至室温后，称出其质量	称量精确至 0.1 g 试验前筛子的两面应先用水润湿，在整个过程中应小心防止砂粒流失	
3	平行试验各两次		
4	清洁整理仪器设备	良好卫生习惯的养成	

续上表

步骤	操作步骤	技术要点提示	操作记录及心得体会
5	计算试验结果： 含泥量、泥块含量取两个试样的试验结果算术平均值作为测定值，精确至0.1％	含泥量按下式计算，精确至0.1％： $$Q_a=\frac{G_0-G_1}{G_0}\times 100$$ 式中 Q_a——含泥量或泥块含量(％)； G_0——试验前烘干试样的质量(g)； G_1——试验后烘干试样的质量(g) 泥块含量按下式计算，精确至0.1％ $$Q_b=\frac{G_1-G_2}{G_1}\times 100$$ 式中 Q_b——砂中大于1.18 mm泥块含量(％)； G_1——1.18 mm筛筛余试样的质量(g)； G_2——试验后烘干试样的质量(g)	

四、记录试验数据

细集料含泥量试验记录

试验次数	试验前的烘干试样质量 G_0(g)	试验后的烘干试样质量 G_1(g)	含泥量$=(G_0-G_1)/G_0\times 100\%$	平均值(％)
1				
2				

试验者________ 组别________ 成绩________ 试验日期________

细集料泥块含量试验记录

试验次数	试验前烘干试样质量 G_0(g)	试验后烘干试样质量 G_1(g)	含泥量 $Q_0=(G_0-G_1)/G_0\times 100\%$	平均值(％)
1				
2				

试验者________ 组别________ 成绩________ 试验日期________

五、评价试验过程

以小组为单位，展示本组试验结果。根据以下评分标准进行评分。

评价内容		分值	评分		
			自我评价	小组评价	教师评价
材料准备	砂样是否搅拌均匀四分缩分取样	20			
	砂是否经烘干冷却至恒重				
	泥块试验是否筛除大于1.18 mm的颗粒				
	材料准备充分				
仪器检查准备	试验前准备正确、完整	20			
	砂筛有无破损				
	砂套筛号由大到小整齐排列				
	天平是否水平				

续上表

评价内容		分值	评分		
			自我评价	小组评价	教师评价
试验操作	砂称重取值正确	25			
	试验中无漏料、砂粒流失				
	套筛在试验中摆放正确				
	淘洗后砂样烘干至恒重称样				
	试验步骤清晰有序				
试验结果	数据的取值	25			
	计算公式				
	结果评定				
	是否有涂改				
	试验报告完整				
安全文明操作	遵守安全文明试验规程	10			
	试验完成后认真清理仪器设备及现场				
扣分及原因分析					
合　计					

子项目 6　细集料检测项目的总结与评价

1. 能以小组形式，对学习过程和实训成果进行汇报总结。
2. 完成对学习过程的综合评价。

一、工作总结

以小组为单位，选择演示文稿、展板、海报、录像等形式中的一种或几种，向全班展示，汇报学习成果。

二、综合评价

评价项目	评价内容	评价标准	评价方式		
			自我评价	小组评价	教师评价
职业素养	安全意识、责任意识	A. 作风严谨、自觉遵章守纪、出色完成试验任务 B. 能够遵守规章制度、较好地完成试验任务 C. 遵守规章制度、没完成试验任务或完成试验任务、但忽视规章制度 D. 不遵守规章制度、没完成试验任务			

续上表

评价项目	评价内容	评价标准	评价方式		
			自我评价	小组评价	教师评价
职业素养	学习态度主动	A. 积极参与教学活动，全勤 B. 缺勤达本任务总学时的10％ C. 缺勤达本任务总学时的20％ D. 缺勤达本任务总学时的30％			
	团队合作意识	A. 与同学协作融洽、团队合作意识强 B. 与同学能沟通、协同试验能力较强 C. 与同学能沟通、协同试验能力一般 D. 与同学沟通困难、协同试验能力较差			
专业能力	学习活动 明确学习任务	A. 按时、完整地完成工作页，问题回答正确 B. 按时、完整地完成工作页，问题回答基本正确 C. 未能按时完成工作页，或内容遗漏、错误较多 D. 未完成工作页			
	学习活动 试验前的准备	A. 学习活动评价成绩为90～100分 B. 学习活动评价成绩为75～89分 C. 学习活动评价成绩为60～74分 D. 学习活动评价成绩为0～59分			
	学习活动 试验及试验报告完成	A. 学习活动评价成绩为90～100分 B. 学习活动评价成绩为75～89分 C. 学习活动评价成绩为60～74分 D. 学习活动评价成绩为0～59分			
创新能力		学习过程中提出具有创新性、可行性的建议	加分奖励		
班级			学号		
姓名			综合评价等级		
指导教师			日期		

学习项目三　水泥砂浆主要技术性质检测

子项目1　明确学习任务

学习目标

1. 根据情境描述，认识水泥砂浆，学习建筑砂浆的分类、作用及主要技术性质。
2. 掌握砌筑砂浆的配合比。
3. 了解其他建筑砂浆。
4. 学会拌和水泥砂浆，并掌握水泥砂浆的常规检测指标。

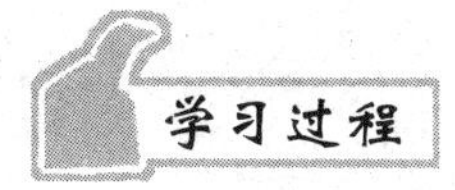

一、观察水泥砂浆的颜色及形态(见图 2.62)

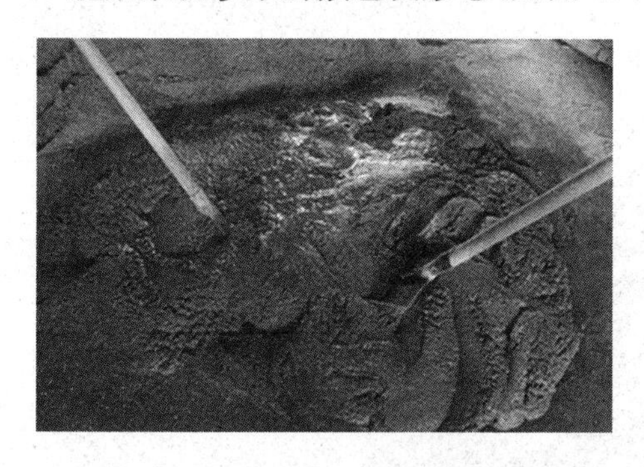

颜色:________　　形态:________

图 2.62　水泥

二、学习建筑砂浆基本知识

1. 建筑砂浆是如何分类的?情境描述中的水泥砂浆是按什么方法来分类的?

____

____

2. 建筑砂浆的组成一般有哪些?

____

3. 建筑砂浆有何作用?举例日常生活中使用建筑砂浆的地方(见图 2.63)。

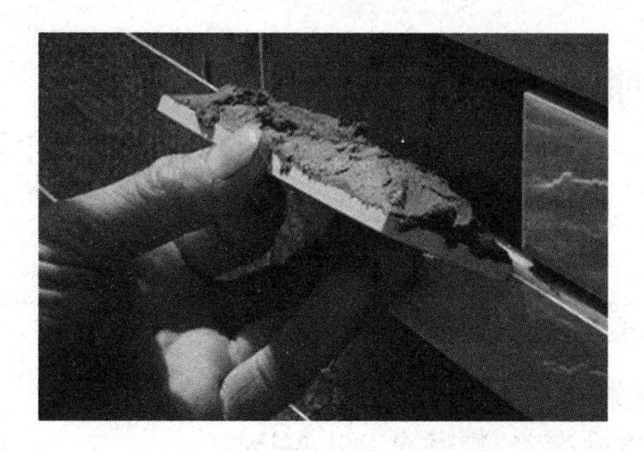

图 2.63　日常生活中的砂浆

三、掌握砌筑砂浆的主要技术性质及其检测项目

1. 新拌砂浆的和易性

新拌砂浆应具有良好的和易性,在运输和施工过程中不分层、不泌水,能够在粗糙的砖石表面铺抹成均匀的薄层,并与底面材料黏结牢固。砂浆的和易性是指砂浆拌和物便于施工操作,保证质量均匀,并能与所砌基面牢固黏结的综合性质,包括流动性和保水性两个方面。

(1)流动性:评价指标——沉入度(或稠度);

检测项目:砂浆稠度试验。

(2)保水性:评价指标——分层度;

检测项目:砂浆分层度试验。

2. 砂浆的强度

砂浆的强度等级是以边长为 70.7 mm 的立方体试件(见图 2.64),在标准养护条件下,用标准试验方法测得 28 d 龄期的抗压强度值为依据而确定的。

图 2.64　砂浆标准试块

水泥砂浆及预拌砌筑砂浆的强度等级分为 M5、M 7.5、M 10、M15、M20、M25、M30,水泥混合砂浆的强度等级可分为 M5、M7.5、M10、M15。

检测项目:砂浆抗压强度试验。

《砌筑砂浆配合比设计规程》(JGJ 98—2010)规定:

________、________和________三项技术指标是砌筑砂浆的必检项目,这三项都满足规程要求时,称为合格砂浆。

四、掌握水泥砂浆的配合比设计

(1)砂浆试配强度 $f_{m,0}$ 的确定。砂浆的试配强度按式(2.3)计算:

$$f_{m,0} = kf_2 \quad 或 \quad f_{m,0} = f_2 + 0.645\sigma \tag{2.3}$$

式中　$f_{m,0}$——砂浆的试配强度,MPa,精确至 0.1MPa;

f_2——砂浆强度等级值,MPa,精确至 0.1MPa;

k——系数,按表 2.8 取值;

σ——砂浆强度标准差,精确至 0.1 MPa。

砌筑砂浆现场强度标准差的确定应符合下列规定:

①当有统计资料时,应按式(2.4)计算:

$$\sigma = \sqrt{\frac{\sum_{i=1}^{n} f_{m,i}^2 - n\mu_{fm}^2}{n-1}} \tag{2.4}$$

式中　$f_{m,i}$——统计周期内同一品种砂浆第 i 组试件的强度,MPa;

μ_{fm}——统计周期内同一品种砂浆 n 组试件强度的平均值,MPa;

n——统计周期内同一品种砂浆试件的总组数,$n \geqslant 25$。

②当不具有近期统计资料时,砂浆现场强度标准差可按表 2.9 取用。

表 2.9　砂浆强度标准差 σ 及 k 值的选用(MPa)

施工水平 \ 砂浆强度等级	M5	M7.5	M10	M15	M20	M25	M30	k
优良	1.00	1.50	2.00	3.00	4.00	5.00	6.00	1.15
一般	1.25	1.88	2.50	3.75	5.00	6.25	7.50	1.20
较差	1.50	2.25	3.00	4.50	6.00	7.50	9.00	1.25

(2)水泥用量 Q_C 的计算。1 m^3砂浆中的水泥用量可按式(2.5)计算：

$$Q_C=\frac{1\,000(f_{m,0}-\beta)}{\alpha\cdot f_{ce}} \tag{2.5}$$

式中　Q_C ——1 m^3砂浆的水泥用量,精确至 1kg；

$f_{m,0}$ ——砂浆的试配强度,MPa；

f_{ce} ——水泥的实测强度,精确至 0.1MPa；

α，β——砂浆的特征系数,其中 $\alpha=3.03$,$\beta=-15.09$。各地区也可用本地区试验资料确定 α、β 值,统计用的试验组数不得少于 30 组。

在无法取得水泥的实测强度值时,可按下式(2.6)计算水泥实测强度值：

$$f_{ce}=\gamma_c\cdot f_{ce,k} \tag{2.6}$$

式中　f_{ce} ——水泥实测强度值,MPa；

$f_{ce,k}$ ——水泥强度等级值,MPa；

γ_c ——水泥强度等级值的富余系数,该值应按实际统计资料确定,无统计资料时可取 1.0。

(3)砂用量 Q_s 的确定。1 m^3砂浆中砂的用量,应按干燥状态(含水率小于 0.5%)下砂的堆积密度值作为计算值。

(4)用水量 Q_w 的确定。1 m^3砂浆中的用水量,可根据试拌达到砂浆所要求的稠度来确定。由于用水量的多少对其强度影响不大,因此,一般可根据经验以满足施工所需稠度即可,可选用 270～330 kg。

水泥砂浆各材料用量,可按表 2.10 选用。

表 2.10　1 m^3水泥砂浆材料用量(kg/m^3)

强度等级	1 m^3砂浆水泥用量	1 m^3砂浆砂子用量	1 m^3砂浆用水量
M5	200～230	1 m^3砂的堆积密度值	270～330
M7.5	230～260		
M10	260～290		
M15	290～330		
M20	340～400		
M25	360～410		
M30	430～480		

注：①M15 及 M15 以下强度等级水泥砂浆,水泥强度等级为 32.5 级；M15 以上强度等级水泥砂浆,水泥强度等级为 42.5 级。

②当采用细砂或粗砂时,用水量分别取上限或下限。

③稠度小于 70 mm 时,用水量可小于下限。

④施工现场处于气候炎热或干燥季节,可酌量增加用水量。

(5)水泥砂浆初步配合比为

$$水泥 : 砂 : 水 = Q_C : Q_s : Q_w$$

情境描述中要求：M7.5水泥砂浆用于砖砌体，砂浆稠度70～90 mm，施工水平一般。据此，水泥和砂检测指标一切正常的情况下，可使用自来水、地表水或地下水，在水泥砂浆配合比设计后即可进行水泥砂浆的拌制及检测。

五、了解其他建筑砂浆

建筑砂浆按胶材料不同可分为____

按用途可分为____

1. 什么叫混合砂浆？

____

____

2. 什么叫抹面砂浆？

____

____

3. 什么叫特殊砂浆？

____

____

子项目2　水泥砂浆稠度试验

2.1　水泥砂浆稠度试验前的准备

1. 明确砂浆稠度检测的试验目的。
2. 熟悉砂浆稠度检测所使用的仪器设备，并检查其是否完好。
3. 熟悉砂浆稠度检测标准，牢记试验步骤。
4. 能根据任务要求和试验步骤，合理制定工作计划。

一、写出水泥砂浆稠度最新检测标准和代号

____。

二、学习水泥砂浆稠度检测的有关知识

砂浆的流动性(稠度)是指砂浆在自重或外力作用下产生流动的性能，用沉入度表示，单位mm。

沉入度是以砂浆稠度测定仪的圆锥体沉入砂浆内的深度来表示。沉入度越大，说明砂浆的流动性越大。若流动性过大，砂浆较稀，施工时易分层、泌水；若流动性过小，砂浆较稠，不便施工操作，灰缝不易填充，所以新拌砂浆应具有适宜的稠度。砂浆流动性的选择与砌体材料的种类、施工方法及施工环境有关。

三、掌握砂浆拌和的方法

砂浆拌和的方法有机械搅拌和人工拌和两种。

在试验室制备砂浆拌和物时，试验用材料应提前 24h 运入室内。拌和时试验室的温度应保持在(20±5) ℃。特别注意：需要模拟施工条件下所用的砂浆时，所用原材料的温度宜与施工现场保持一致。

在试验室搅拌砂浆时应采用机械搅拌，搅拌机应符合《试验用砂浆搅拌机》的规定，搅拌的用量宜为搅拌机容量的 30%～70%，将称好的水泥、砂及其他材料装入砂浆搅拌机，开动搅拌机干拌均匀后，再逐渐加入水，观察砂浆的和易性符合要求时，停止加水。搅拌时间不宜少于 2 min。掺有掺合料和外加剂的砂浆，其搅拌时间不应少于 180 s 。

除此之外，也可采用人工拌和的方法，应先把水泥、砂子拌和均匀后，再加水或石灰膏、外加剂等 ，拌和时间不少于 5 min。

对拌和好的砂浆均匀取样测定其稠度和分层度，当达不到和易性要求时，应调整材料用量，直至符合要求为止。

本方法适用于确定配合比或施工过程中控制砂浆的稠度，以达到控制用水量的目的。

四、认识砂浆稠度检测的主要仪器(见图 2.65)

图 2.65　砂浆稠度测定仪

五、制定小组试验工作计划

查阅相关试验标准，了解试验任务的基本步骤，根据任务要求，结合试验室仪器设备的实际情况，制定试验小组工作计划。

砂浆稠度试验工作计划

1. 人员分工

(1)小组负责人：____________________。

(2)小组成员及分工。

姓　名	分　工

2. 工具及材料清单

序　　号	工具或材料名称	单　　位	数　　量	备　　注

六、评价试验准备情况

以小组为单位，展示本组制定的试验工作计划，在教师点评的基础上对试验计划进行修改完善，并根据以下评分标准进行评分。

评价内容	分值	评　　分		
		自我评价	小组评价	教师评价
计划制定是否有条理	10			
计划是否全面、完善	10			
人员分工是否合理	10			
任务要求是否明确	20			
工具清单是否正确、完整	20			
材料清单是否正确、完整	20			
团结协作	10			
合　　计				

2.2　水泥砂浆稠度试验及试验报告完成

1. 能正确使用砂浆稠度测定仪。
2. 能正确判断并处理试验操作过程中出现的异常问题。
3. 能将试验仪器设备正确归位并清理现场。
4. 能正确填写试验报告并判定试验结果。

一、准备好试验材料

试验用水泥和其他材料应与现场使用材料一致，水泥和砂都是经检测符合标准要求的材料。试验室拌制砂浆时，材料用量应以质量计，经砂浆配合比计算而得。

二、检查试验仪器的完好性

(1)砂浆稠度仪：由试锥、锥形容器和支座三部分组成。试锥由钢材或铜材制成，试锥高度为145 mm，锥底直径为75 mm，试锥连同滑杆的质量应为(300±2) g；盛砂浆的锥形容器由钢板制成，筒高180 mm，锥底内径150 mm；支座有底座、支架及刻度显示三个部分，由铸铁、钢及其他金属制成。

(2)钢制捣棒：直径10 mm，长350 mm，端部磨圆。

(3)铁板、铁铲、台秤、浅盘等。

三、试验步骤

步骤	操作步骤	技术要点提示	操作记录及心得体会
1	水泥和砂都是事先经检测符合标准要求的材料，砂应通过5 mm筛	对材料有何要求 称量精度：水泥为±0.5%；砂为±1%	
2	用湿布将锥形容器内壁和试锥表面擦干净，并用少量润滑油轻擦滑杆，将滑杆上多余的油用吸油纸擦净，使滑杆能自由滑动	为什么	
3	将拌好的砂浆一次装入容器，砂浆表面宜低于锥形容器口约10 mm左右，用捣棒自容器中心向边缘均匀地插捣25次，然后轻轻地将容器摇动或敲击5～6下，使砂浆表面平整，随后将容器置于砂浆稠度测定仪的底座上		
4	拧松制动螺钉，向下移动滑杆，当试锥尖端与砂浆表面刚接触时，拧紧制动螺丝，使齿条测杆下端与滑杆的上端接触，调整刻度盘上的读数为零		
5	拧松制动螺钉(同时计时间)，10 s时立即固定螺钉，将齿条测杆下端接触滑杆上端，从刻度盘上读出下沉深度，读数精确至1 mm	锥形容器内的砂浆，只允许测定一次稠度，重复测定时，应重新取样	
6	计算试验结果： 取两次试验结果的算术平均值作为砂浆的稠度值，精确至1 mm。 如两次试验结果之差大于10 mm，则重新取样测定		
7	清洁整理仪器设备	良好卫生习惯的养成	

四、记录试验数据

砂浆稠度试验记录

试验次数	试锥下沉深度(mm)	稠度(mm)	备　注

试验者________　　组别________　　成绩________　　试验日期________

五、评价试验过程

以小组为单位，展示本组试验结果。根据以下评分标准进行评分。

评价内容		分值	评分		
			自我评价	小组评价	教师评价
材料准备	水泥品种的检查	20			
	水泥质量的检测				
	砂质量的检测				
	试验前砂的筛析				

续上表

评价内容		分值	评分		
			自我评价	小组评价	教师评价
仪器检查准备	试验前准备正确、完整	20			
	砂浆稠度测定仪滑杆正常				
	砂浆稠度仪刻度盘指针				
	与砂浆接触的铁器润湿				
试验操作	水泥、砂、水称样正确	25			
	混合样搅拌均匀				
	试锥顶部与锥筒底端口对准				
	试锥下落时间控制准确				
	设备操作正确、熟练				
试验结果	数据的取值	25			
	计算公式				
	结果评定				
	是否有涂改				
	试验报告完整				
安全文明操作	遵守安全文明试验规程	10			
	试验完成后认真清理仪器设备及现场				
扣分及原因分析					
合　计					

子项目3　水泥砂浆分层度试验

3.1　水泥砂浆分层度试验前的准备

1. 明确砂浆分层度检测的试验目的。
2. 熟悉砂浆分层检测指标所使用的仪器设备，并检查其是否完好。
3. 熟悉砂浆分层度检测标准，牢记试验步骤。
4. 能根据任务要求和试验步骤，合理制定工作计划。

一、写出砂浆分层度最新检测标准名称和代号

____。

二、学习砂浆分层度检测的有关知识

砂浆的保水性是指砂浆拌和物保持水分的能力。保水性好的砂浆，在存放、运输和使用过程中，能够很好地保持水分不致很快流失，各组分不易分离，在砌筑过程中容易铺成均匀密实的砂浆层，能使胶结材料正常水化，从而保证工程质量。

砂浆的保水性用分层度表示。分层度是在砂浆拌和物测定其稠度后，再装入分层度测定仪中，静置 30 min 后，移去上筒部分砂浆，用下筒砂浆再测其稠度，两次稠度之差值即为分层度，以 mm 表示。

砂浆保水性大小与砂浆材料组成有关。胶凝材料数量不足时，砂浆保水性差；砂粒过粗，砂浆保水性会随之降低。

砌筑砂浆的分层度不得大于 10 mm。分层度过大(如大于 10 mm)，砂浆容易泌水、分层或水分流失过快，不利于施工和水泥硬化；如果分层度过小，砂浆过于干稠而不易操作，易出现干缩开裂。

三、掌握砂浆分层度检测的方法

砂浆拌和制作的方法同砂浆稠度章节中叙述一致。

本方法适用于测定砂浆拌和物的分层度，以确定砂浆拌和物在运输及存放时内部组分的稳定性。

四、认识砂浆分层度检测的主要仪器设备(见图 2.66)

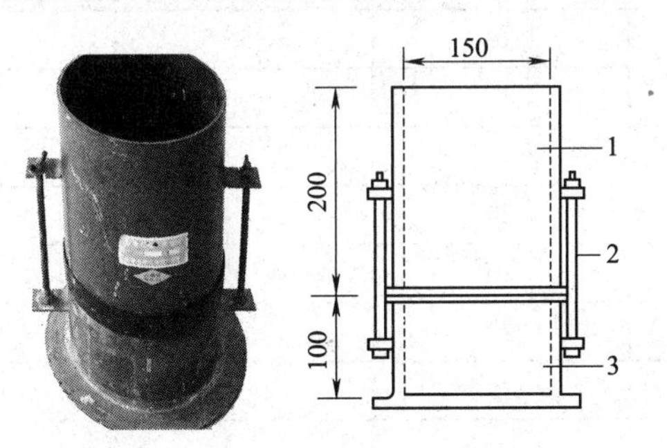

图 2.66　砂浆分层度筒(单位：mm)

1—无底圆筒；2—连接螺栓；3—有底圆筒

五、制定小组试验工作计划

查阅相关试验标准，了解试验任务的基本步骤，根据任务要求，结合试验室仪器设备的实际情况，制定小组试验工作计划。

砂浆分层度试验工作计划

1. 人员分工

(1)小组负责人：____________________。

(2)小组成员及分工。

姓　名	分　工

2. 工具及材料清单

序　号	工具或材料名称	单　位	数　量	备　注

六、评价试验准备情况

以小组为单位，展示本组制定的试验工作计划，在教师点评的基础上对试验计划进行修改完善，并根据以下评分标准进行评分。

评价内容	分值	评　分		
		自我评价	小组评价	教师评价
计划制定是否有条理	10			
计划是否全面、完善	10			
人员分工是否合理	10			
任务要求是否明确	20			
工具清单是否正确、完整	20			
材料清单是否正确、完整	20			
团结协作	10			
合　计				

3.2　水泥砂浆分层度试验及试验报告完成

1. 能正确使用砂浆分层度测定仪。
2. 能正确判断并处理试验操作过程中出现的异常问题。
3. 能将试验仪器设备正确归位并清理现场。
4. 能正确填写试验报告并判定试验结果。

学习过程

一、准备好试验材料

与砂浆稠度试验准备的材料一致。

二、检查试验仪器的完好性

(1)砂浆分层度仪：圆形筒，内径 150 mm，上节高度 200 mm(无底)，下节带底，净高度为 100 mm,用金属板制成。上、下两层连接处需加宽 3～5 mm,并设有橡胶垫圈。

(2)砂浆稠度测定仪。

(3)木锤(橡皮锤)、抹刀、铁板、铁铲、台秤、浅盘等。

(4)钢制捣棒:直径 10 mm,长 350 mm,端部磨圆。

三、试验步骤

步骤	操作步骤	技术要点提示	操作记录及心得体会
1	水泥和砂都是事先经检测符合标准要求的材料,砂应通过 5 mm 筛	对材料有何要求 称量精度:水泥为±0.5%;砂为±1%	
2	按砂浆稠度试验方法测定砂浆的稠度值 K_1	先测砂浆第一次稠度	
3	将砂浆拌和物一次装入分层度仪内,待装满后,用木锤在容器周围距离大致相等的四个不同地方轻轻敲击 1～2 下,若砂浆沉落到低于筒口的位置,则应随时添加,然后刮去多余的砂浆并用抹刀抹平	再把砂浆装满分层度筒刮平	
4	静置 30 min 后,去掉上部 200 mm 厚的砂浆,将剩余的砂浆倒出放在拌和锅中拌 2 min,然后,再测其稠度值 K_2	最后再测砂浆第二次稠度	
5	计算试验结果: 计算两次测定的稠度值之差(K_1-K_2),即为砂浆的分层度值。 取两次试验结果的算术平均值作为该砂浆的分层度值。如两次的试验结果之差大于 10 mm,应重新试验	分层度$=K_1-K_2$(精确至 1 mm)	
6	清洁整理仪器设备	良好卫生习惯的养成	

四、记录试验数据

砂浆的分层度试验记录

试验次数	稠度 K_1(mm)	稠度 K_2(mm)	分层度(K_1-K_2)(mm)

试验者________　　组别________　　成绩________　　试验日期________

五、评价试验过程

以小组为单位,展示本组试验结果。根据以下评分标准进行评分。

评价内容		分值	评分		
			自我评价	小组评价	教师评价
材料准备	水泥品种的检查	20			
	水泥质量的检测				
	砂质量的检测				
	试验前砂的筛析				

续上表

评价内容		分值	评分		
			自我评价	小组评价	教师评价
仪器检查准备	试验前准备正确、完整	20			
	砂浆稠度测定仪是否正常				
	砂浆分层度筒是否正常				
	与砂浆接触的铁器是否润湿				
试验操作	水泥、砂、水称样正确	25			
	混合样搅拌均匀				
	砂浆在分层度筒装样时是否敲击、添加、抹平				
	砂浆在分层度筒是否静置 30 min				
	设备操作正确、熟练				
试验结果	数据的取值	25			
	计算公式				
	结果评定				
	是否有涂改				
	试验报告完整				
安全文明操作	遵守安全文明试验规程	10			
	试验完成后认真清理仪器设备及现场				
扣分及原因分析					
合计					

子项目 4　水泥砂浆抗压强度试验

4.1　水泥砂浆抗压强度试验前的准备

1. 明确砂浆抗压强度检测的试验目的。
2. 熟悉砂浆抗压强度检测所使用的仪器设备,并检查其是否完好。
3. 熟悉砂浆抗压强度检测标准,牢记试验步骤。
4. 能根据任务要求和试验步骤,合理制定工作计划。

学习过程

一、写出最新砂浆抗压强度检测标准名称和代号

____。

二、学习砂浆强度检测的有关知识

砂浆在砌体中主要起黏结和传递荷载的作用,因此应具有一定的强度。砂浆的强度等级是以边长为70.7 mm的立方体试件，在标准养护条件下，用标准试验方法测得28 d龄期的抗压强度值为依据而确定的。

水泥砂浆及预拌砌筑砂浆的强度等级分为M5、M 7.5、M 10、M15、M20、M25 、M30，水泥混合砂浆的强度等级可分为M5、M7.5、M10、M15。

影响砂浆强度大小的因素很多，如砂浆的材料组成、配合比、施工工艺、拌和时间、砌体材料的吸水率、养护条件等，对砂浆强度大小都有一定程度的影响。

三、掌握砂浆强度检测的试验目的

测定砂浆立方体抗压强度，以检验砂浆的配合比及强度等级是否满足设计和施工要求，作为调整砂浆配合比、控制砂浆质量和确定砌筑砂浆强度等级的主要依据。

四、认识砂浆强度检测的主要仪器设备（见图2.67、图2.68）

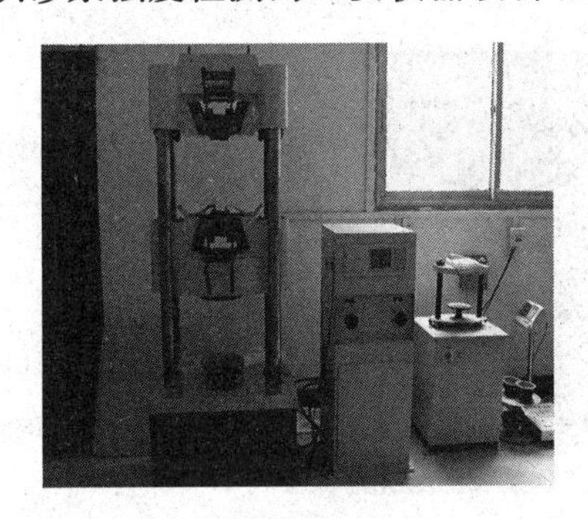

图2.67　万能材料试验机

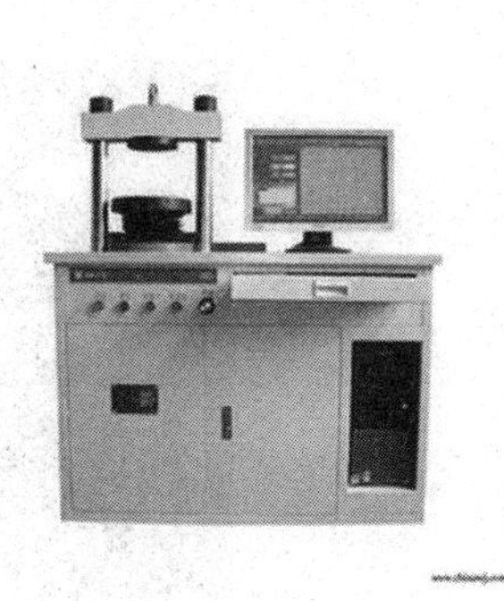

图2.68　恒应力压力机

五、认识其他常用试验仪器（见图2.69、图2.70）

图2.69　砂浆试块及试模

图2.70　振动台

六、制作试验所需的标准试块

试验用水泥和其他材料应与现场使用材料一致。水泥和砂都是事先经检测符合标准要求的材料，砂应通过5 mm筛。试验室拌制砂浆时，材料用量应以质量计。称量精度：水泥为±0.5%；砂为±1%。

1. 根据砂浆配合比设计计算材料用料进行拌和，做成70.7 mm立方体试件，每组试件3个。应用黄油等密封材料涂抹试模的外接缝，试模内涂刷薄层机油或脱模剂，将拌制好的砂浆一次性装满砂浆试模，成型方法根据稠度而定。当稠度≥50 mm时采用人工插捣成型，当稠度＜50 mm时采用振动台振实成型。

(1)人工振捣：用捣棒均匀地由边缘向中心按螺旋方式插捣25次，插捣过程中如砂浆沉落低于试模口，应随时添加砂浆，可用油灰刀插捣数次，并用手将试模一边抬高5～10 mm

各振动 5 次，使砂浆高出试模顶面 6～8 mm。

(2)机械振动：将砂浆一次装满试模，放置到振动台上，振动时试模不得跳动，振动 5～10 s 或持续到表面出浆为止；不得过振。

2. 待表面水分稍干后，将高出试模部分的砂浆沿试模顶面刮去并抹平。

3. 试件制作后应在室温为(20±5)℃的环境下静置(24±2)h，当气温较低时，可适当延长时间，但不应超过两昼夜，然后对试件进行编号、拆模。试件拆模后应立即放入温度为(20±2)℃，相对湿度为 90%以上的标准养护室中养护。养护期间，试件彼此间隔不小于 10 mm，混合砂浆试件上面应覆盖，以防有水滴在试件上。

4. 从搅拌加水开始计时，标准养护龄期应为 28d。

查一查：砂浆标准试件(见图 2.71)的标准养护条件是什么？

图 2.71 砂浆标准试件

七、制定小组试验工作计划

查阅相关试验标准，了解试验任务的基本步骤，根据任务要求，结合试验室仪器设备的实际情况，制定小组试验工作计划。

砂浆抗压强度试验工作计划

1. 人员分工

(1)小组负责人：____________________。

(2)小组成员及分工。

姓　名	分　工

2. 工具及材料清单

序　　号	工具或材料名称	单　　位	数　　量	备　　注

八、评价试验准备情况

以小组为单位，展示本组制定的试验工作计划，在教师点评的基础上对试验计划进行修改完善，并根据以下评分标准进行评分。

评价内容	分值	评　　分		
		自我评价	小组评价	教师评价
计划制定是否有条理	10			
计划是否全面、完善	10			
人员分工是否合理	10			
任务要求是否明确	20			
工具清单是否正确、完整	20			
材料清单是否正确、完整	20			
团结协作	10			
合　　计				

4.2　水泥砂浆抗压强度试验及试验报告完成

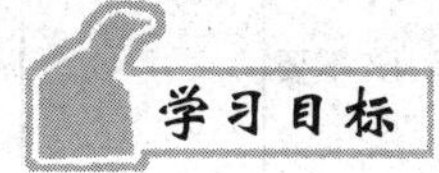

1. 能正确使用砂浆压力试验机。
2. 能正确判断并处理试验操作过程中出现的异常问题。
3. 能将试验仪器设备正确归位并清理现场。
4. 能正确填写试验报告并判定试验结果。

一、准备好试验材料(见图 2.72)

图 2.72　水泥砂浆试块

制作 70.7 mm×70.7 mm×70.7 mm 的标准水泥砂浆试块 6 块。

二、检查试验仪器的完好性

(1)压力试验机:精度为 1%,试件破坏荷载应不小于压力机量程的 20%,且不大于全量程的 80%。

(2)试模:尺寸为 70.7 mm×70.7 mm×70.7 mm 的带底试模,由铸铁或钢制成,应具有足够的刚度并拆装方便。试模的内表面应机械加工,其不平度应为每 100 mm 不超过 0.05 mm,组装后各相邻面的不垂直度不应超过±0.5°。

(3)捣棒:直径 10 mm、长 350 mm 的钢棒,端部应磨圆。

(4)垫板:试验机上、下压板及试件之间可垫以钢垫板,垫板的尺寸应大于试件的承压面,其不平度应为每 100 mm 不超过 0.02 mm。

(5)振动台:空载中台面的垂直振幅应为(0.5±0.05)mm,空载频率应为(50±3)Hz,空载台面振幅均匀度不大于 10%,一次试验至少能固定(或用磁力吸盘)三个试模。

三、试验步骤

步骤	操作步骤	技术要点提示	操作记录及心得体会
1	水泥和砂都是事先经检测符合标准要求的材料,砂应通过 5 mm筛,拌制好的砂浆按要求制成试件	对材料有何要求 称量精度:水泥为±0.5%;砂为±1%	
2	将已养护 28 天的砂浆标准试件从养护地点取出后应及时进行试验。试验前先将试件表面擦拭干净,检查外观并测量尺寸(精确至 1 mm),以此计算试件的承压面积。如实测尺寸与公称尺寸之差不超过 1 mm,可按公称尺寸进行计算	按边长为 70.7 mm 正方形计算试件受压面积	
3	将试件安放在试验机的下压板(或下垫板)上,试件的承压面应与成型时的顶面垂直,试件中心应与试验机下压板(或下垫板)中心对准	选择上下两个较光滑的面来承压,不要选择刮平面,为什么	
4	开动试验机,当上压板与试件(或上垫板)接近时,调整球座,使接触面均衡受压。承压试验应连续而均匀地加荷,加荷速度应为每秒钟 0.25~1.5 kN。当试件接近破坏而开始迅速变形时,停止调整试验机油门,直至试件破坏,然后记录破坏荷载	砂浆强度不大于 5MPa 时,加荷速度宜取下限,砂浆强度大于 5MPa 时,宜取上限,为什么	
5	清洁整理仪器设备	良好卫生习惯的养成	
6	计算、评定试验结果: (1)以三个试件测值的算术平均值的 1.3 倍(f_2)作为该组试件的砂浆立方体试件抗压强度平均值(精确至 0.1 MPa) (2)当三个测值的最大值或最小值中如有一个与中间值的差值超过中间值的 15%时,则把最大值及最小值一并舍除,取中间值作为该组试件的抗压强度值;如有两个测值与中间值的差值均超过中间值的 15%时,则该组试件的试验结果无效	砂浆抗压强度按式计算(精确至 0.1 MPa): $f_{m,cu}=\frac{N_u}{A}$ 式中 $f_{m,cu}$——砂浆立方体试件抗压强度(MPa); N_u——试件破坏荷载(N); A——试件承压面积(mm^2)。 砂浆立方体试件抗压强度应精确至 0.1 MPa	

四、记录试验数据

砂浆抗压强度试验记录

试样编号				试样来源				
试样名称				试验用途				
试验编号	拌制日期	试验日期	龄期(d)	最大荷载 N_u(N)	试件尺寸(mm)	受压面积(mm^2)	抗压强度(MPa)	
							单值	代表值
①	②	③	④	⑤	⑥	⑦	⑧	⑨

试验者________　　组别________　　成绩________　　试验日期________

五、评价试验过程

以小组为单位，展示本组试验结果。根据以下评分标准进行评分。

评价内容		分值	评　分		
			自我评价	小组评价	教师评价
材料准备	砂浆试件块数	20			
	砂浆试件的养护龄期				
	砂浆试件的外形尺寸观察量取				
	砂浆试件出水后擦拭干净				
仪器检查准备	试验前准备正确、完整	20			
	压力机接线正常				
	压力机显示、设定正常				
	压力机上下压垫板平整、平行、清洁				
试验操作	按操作步骤正确开启电脑、显示屏及控制器	25			
	试件在垫板上放置正确				
	电脑操作指令正确				
	试件加荷速度正确				
	每压完一块试件立即清扫垫板				
试验结果	数据的取值	25			
	计算公式				
	结果评定				
	是否有涂改				
	试验报告完整				
安全文明操作	遵守安全文明试验规程	10			
	试验完成后认真清理仪器设备及现场				
扣分及原因分析					
合　计					

子项目5　水泥砂浆检测项目的总结与评价

1. 能以小组形式，对学习过程和实训成果进行汇报总结。
2. 完成对学习过程的综合评价。

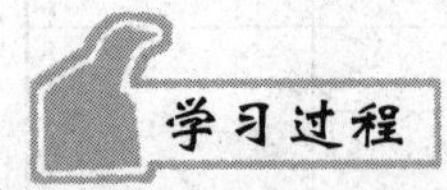

一、工作总结

以小组为单位，选择演示文稿、展板、海报、录像等形式中的一种或几种，向全班展示，汇报学习成果。

二、综合评价

评价项目	评价内容	评价标准	评价方式		
			自我评价	小组评价	教师评价
职业素养	安全意识、责任意识	A. 作风严谨、自觉遵章守纪、出色完成试验任务 B. 能够遵守规章制度、较好地完成试验任务 C. 遵守规章制度、没完成试验任务或完成试验任务、但忽视规章制度 D. 不遵守规章制度、没完成试验任务			
	学习态度主动	A. 积极参与教学活动，全勤 B. 缺勤达本任务总学时的10% C. 缺勤达本任务总学时的20% D. 缺勤达本任务总学时的30%			
	团队合作意识	A. 与同学协作融洽、团队合作意识强 B. 与同学能沟通、协同试验能力较强 C. 与同学能沟通、协同试验能力一般 D. 与同学沟通困难、协同试验能力较差			
专业能力	学习活动 明确学习任务	A. 按时、完整地完成工作页，问题回答正确 B. 按时、完整地完成工作页，问题回答基本正确 C. 未能按时完成工作页，或内容遗漏、错误较多 D. 未完成工作页			
	学习活动 试验前的准备	A. 学习活动评价成绩为90～100分 B. 学习活动评价成绩为75～89分 C. 学习活动评价成绩为60～74分 D. 学习活动评价成绩为0～59分			
	学习活动 试验及试验报告完成	A. 学习活动评价成绩为90～100分 B. 学习活动评价成绩为75～89分 C. 学习活动评价成绩为60～74分 D. 学习活动评价成绩为0～59分			
创新能力		学习过程中提出具有创新性、可行性的建议	加分奖励		
班级			学号		
姓名			综合评价等级		
指导教师			日期		

学习模块三　钢筋混凝土及其检测

目标要求

1. 能根据工作情景描述和现场材料分析，明确工作任务要求。
2. 能正确识读材料合格证、质量检验清单等。
3. 能根据任务要求和实际情况，合理制定工作计划。
4. 能正确完成钢筋混凝土中涉及各项材料的试验。
5. 能准确填写试验报告，并正确评价材料质量及用途。

情境描述

某施工单位修建三层办公楼，需要现浇钢筋混凝土柱，该混凝土设计强度等级为C25，请同学们根据现场材料进行材料的质量检测。

材料分析：该办公楼钢筋混凝土涉及的工程材料有水泥、细集料、粗集料、建筑钢材及最终形成的混凝土。水泥、细集料相关试验已在学习模块二中介绍，可参照其进行质量检测，剩下的材料有粗集料、建筑钢材和水泥混凝土的检测学习将在本模块中展开。

学习流程与活动

1. 明确试验工作任务。
2. 试验的准备、检测及报告完成。
3. 总结与评价。

学习项目一　粗集料主要技术性质检测

子项目1　明确学习任务

学习目标

1. 根据情境描述，认识拌和混凝土所用原材料——粗集料(即石子)的外观。
2. 了解集料的作用、分类。
3. 掌握粗集料的分类及其技术性能。
4. 能准确记录试验室工作现场的环境条件。
5. 掌握现场石子的取样方法及其常规检测。

一、复习知识

什么是粗集料？粗集料的分类？它在工程中的主要作用是什么？

二、说出你常见的石子的颜色及形态并了解人工砂石的生产（见图 3.1～图 3.4）

图 3.1　碎石外形一

图 3.2　碎石外形二

图 3.3　砂石生产

图 3.4　卵石

写出碎石与卵石的在工程中的优缺点：

三、掌握混凝土用石的最新技术标准及其杂质含量要求（见表 3.1）

表 3.1　石子中有害物质的限量(GB/T 14685—2011)

项　目	Ⅰ类	Ⅱ类	Ⅲ类
含泥量(按质量计,%)	≤0.5	≤1.0	≤1.5
泥块含量(按质量计,%)	0	0.2	0.5
硫化物及硫酸盐含量(按 SO_3 质量计,%)	0.5	1.0	1.0
有机物含量(用比色法试验)	合格	合格	合格
针、片状颗粒含量(按质量计,%)	5	10	15

工程案例：某中学一栋砖混结构教学楼，在结构完工，进行屋面施工时，屋面局部倒塌。经审查设计，未发现任何问题。对施工方面审查发现：

所设计为C20的混凝土，施工时未留试块，事后鉴定其强度仅C7.5左右，在断口处可清楚看出砂石未洗净，管料中混有鸽蛋大小的黏土块粒和树叶等杂质。此外梁主筋偏于一侧，梁的受拉区1/3宽度内几乎无钢筋。请同学们分析原因。

____

____

四、写出石子在料堆上的取样方法及步骤（见图3.5）

____

____

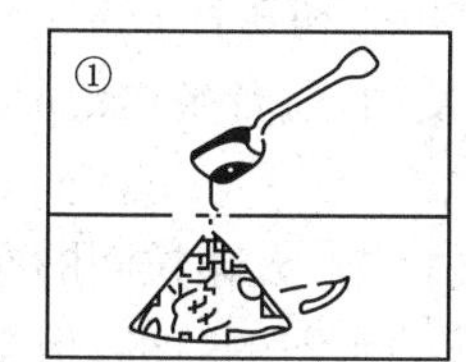

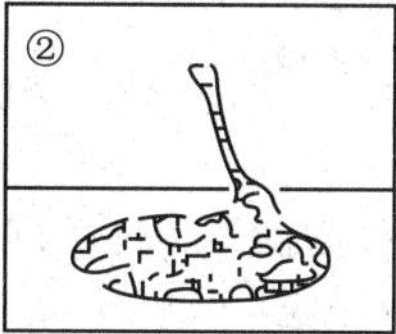

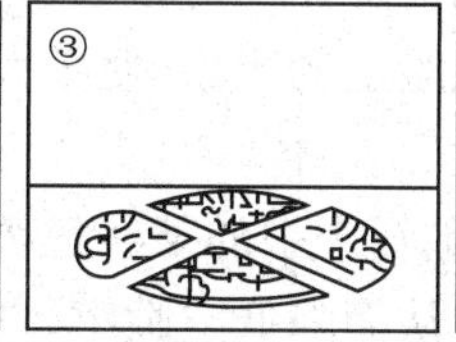

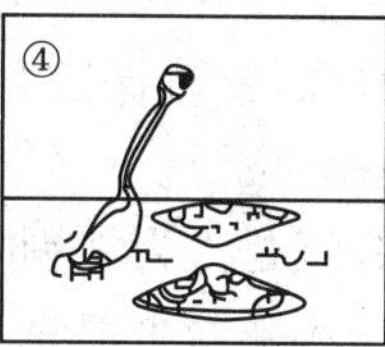

图3.5　四分法

五、熟悉试验室环境要求及石子烘干温度要求（见图3.6、图3.7）

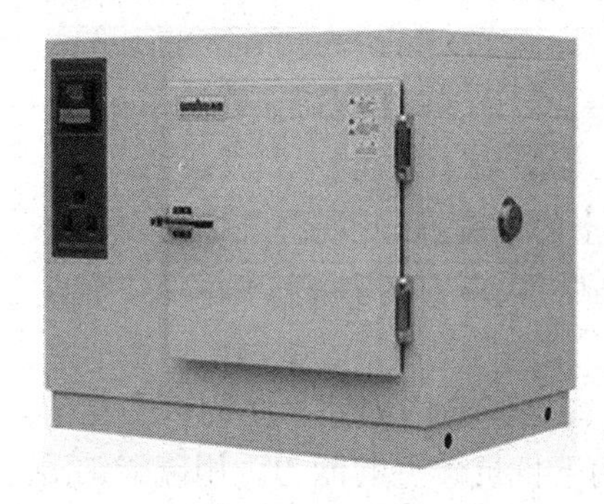

石子烘干温度__________

试验室温度__________

湿度__________

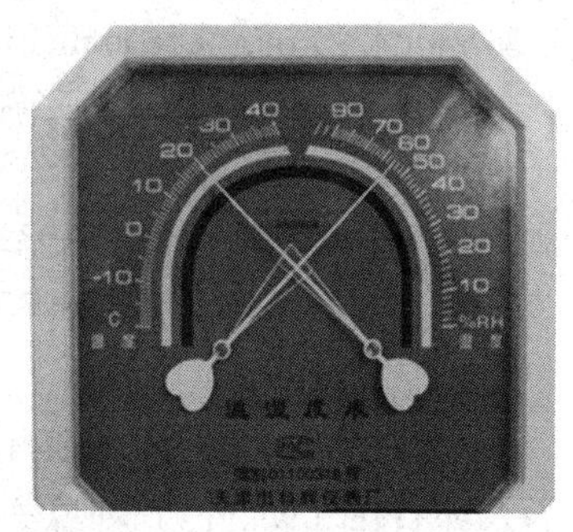

图3.6　烘箱

图3.7　温湿度计

六、学习粗集料的其他有关知识

1.有害杂质含量

粗集料中常含有一些有害杂质，如黏土、淤泥、细屑、硫酸盐、硫化物、有机物质、蛋白石等含有活性二氧化硅的矿物质，它们的危害作用与在细集料中相同，其含量需符合表3.1的规定。

2.颗粒形状

粗集料的颗粒形状以接近立方体或球体为佳，不宜含有过多的针、片状颗粒，否则将影响混凝土拌和物的流动性，同时又影响混凝土的抗折强度。

3.最大粒径和颗粒级配

(1)最大粒径。石子公称粒级的上限称为该粒级的最大粒径，如5～25 mm粒级的石子，其最大粒径为25 mm。随着石子最大粒径的增大，其总表面积随之减小，从而使包裹集料表面的水泥浆的数量也相应减少，因此在条件许可的情况下，石子的最大粒径应尽可能选用得大些，这样不但能节约水泥，而且还能提高混凝土的和易性与强度。但是在施工过程中，石子的最大粒径通常要受到结构物的截面尺寸、钢筋疏密及施工条件的限制。根据《混凝土结构工程施工质量验收规范》(GB 50204—2015)的规定，混凝土用粗集料，其最大粒径不得超过构件截面最小尺寸的1/4，同时不得超过钢筋最小净距的3/4；对于混凝土实心板，粗集料的最大粒径不宜超过板厚的1/3且不得超过40 mm。

(2)颗粒级配。石子级配和砂子级配的原理基本相同，各级比例要适当，使集料空隙率及总表面积都要尽量小，以便用最少的水泥用量填充并包裹在集料的周围，达到所要求的和易性。

石子的级配按粒径尺寸可分为连续粒级和单粒粒级两种。连续粒级是石子颗粒由大到小连续分级，每一级集料都占有适当的比例。例如天然卵石就属于连续粒级。由于连续粒级含有各种大小颗粒，互相搭配比例比较合适，配制的混凝土拌和物和易性较好，不易发生分层离析现象，易于保证混凝土的质量，便于大型混凝土搅拌站使用，适合泵送混凝土，故目前应用得比较广泛。

单粒粒级是人为地剔除石子中的某些粒级，造成颗粒粒级的间断，大颗粒间的空隙由比它小得多的小颗粒来填充，从而降低空隙率，增加密实度，达到节约水泥的目的，但是拌和物容易产生分层离析现象，增加了施工难度，一般在工程中较少使用。对于低流动性或干硬性混凝土，如果采用机械强力振捣施工，则采用单粒粒级是适宜的。

石子的颗粒级配也是采用筛分析法测定。测定用标准方孔筛一套共12个，筛孔尺寸为2.36 mm、4.75 mm、9.50 mm、16.0 mm、19.0 mm、26.5 mm、31.5 mm、37.5 mm、53.0 mm、63.0 mm、75.0 mm和90.0 mm。将石子筛分后，计算出各筛上的分计筛余百分率和累计筛余百分率。

4.强度

石子在混凝土中起骨架作用，它的强度直接影响混凝土的强度，因此混凝土中的石子必须致密且具有足够的强度。石子的强度一般用岩石的抗压强度或压碎指标来表示。

5.坚固性

为保证混凝土的耐久性，作为混凝土骨架的石子应具有足够的坚固性。坚固性是指碎石及卵石在气候、外力、环境变化或其他物理化学因素作用下抵抗破裂的能力。用硫酸钠溶液进行试验，经5次干湿循环后其质量损失应符合表3.2的规定。

表3.2 坚固性指标

项　目	指　标		
	Ⅰ类	Ⅱ类	Ⅲ类
质量损失(%)	≤5	≤8	≤12

子项目2 粗集料表观密度试验

2.1 粗集料表观密度试验前的准备

1.明确粗集料表观密度检测的试验目的。

2.熟悉粗集料表观密度检测所使用的仪器设备。

3.熟悉粗集料表观密度检测标准，牢记试验步骤。

4.能根据任务要求和试验步骤，合理制定工作计划。

一、写出粗集料表观密度最新检测标准名称和代号

____

____

二、学习粗集料表观密度检测的有关知识

试验目的：粗集料——石子的表观密度是指碎石或卵石单位体积（包括颗粒之间空隙体积，但不包括颗粒内部孔隙体积）的干质量，通过测定碎石或卵石的表观密度，可以鉴别碎石或卵石的质量，也为学习空隙率计算和混凝土配合比设计提供数据。

三、写出粗集料表观密度检测的两种方法及扼要步骤

____

____

____

____

____

四、认识粗集料表观密度检测的主要仪器设备（见图3.8、图3.9）

图3.8　广口瓶

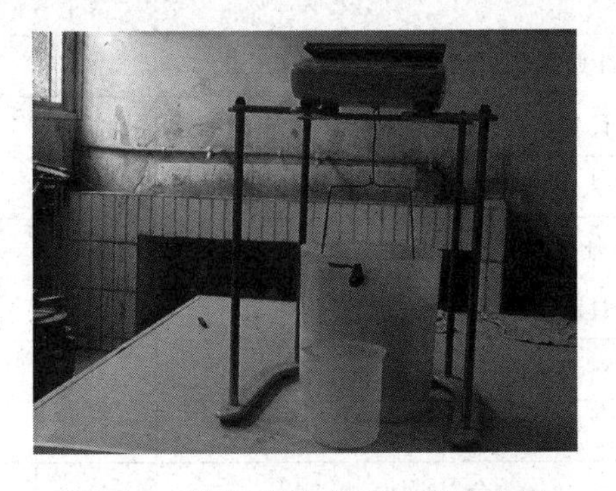

图3.9　静水天平、吊篮及溢流水槽

五、制定小组试验工作计划

查阅相关试验标准，了解试验任务的基本步骤，根据任务要求，结合试验室仪器设备的实际情况，制定小组试验工作计划。

粗集料表观密度试验工作计划

1.人员分工

(1)小组负责人：____________________。

(2)小组成员及分工。

姓　名	分　工

2. 工具及材料清单

序　号	工具或材料名称	单　位	数　量	备　注

六、评价试验准备情况

以小组为单位，展示本组制定的试验工作计划，在教师点评的基础上对试验计划进行修改完善，并根据以下评分标准进行评分。

评价内容	分值	评　分		
		自我评价	小组评价	教师评价
计划制定是否有条理	10			
计划是否全面、完善	10			
人员分工是否合理	10			
任务要求是否明确	20			
工具清单是否正确、完整	20			
材料清单是否正确、完整	20			
团结协作	10			
合　计				

2.2　粗集料表观密度试验及试验报告完成

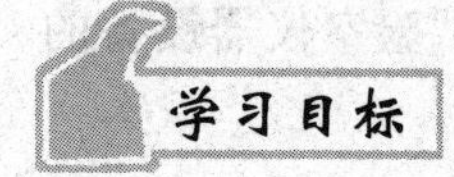

1. 能正确使用粗集料试验中的仪器设备。
2. 能正确判断并处理试验操作过程中出现的异常问题。
3. 能将试验仪器设备正确归位并清理现场。
4. 能正确填写试验报告并判定试验结果。

一、准备好试验材料

经(105±5) ℃烘干至恒重冷却后干燥的石子，四分缩分取样；(20±5) ℃蒸馏水或自来水。按规定取样，并缩分至略大于下表规定的数量，风干后筛除小于4.75 mm的颗粒，然后洗刷干净，分为大致相等的两份备用。

特别注意：将每一份集料试样浸泡在水中，仔细洗去附在集料表面的尘土和石粉，经多次漂洗干净至水清澈为止。在清洗过程中不得散失集料颗粒。

表3.3　测定密度试验所需要的试样最小质量(网篮法)

最大粒径(方孔筛)(mm)	≤26.5	31.5	37.5	63.0	75.0
最少试样质量(kg)	2.0	3.0	4.0	6.0	6.0

二、检查试验仪器的完好性

1.广口瓶法

(1)天平：称量5 kg，感量0.1 g。

(2)广口瓶：1 000 mL，磨口并带有玻璃片。

(3)烘箱：能使温度控制在(105±5) ℃。

(4)标准筛：孔径为4.75 mm的方孔筛一只。

(5)其他：干燥器、搪瓷浅盘、料勺、滴管、毛刷、温度计等。

2.网篮法

(1)鼓风干燥箱：能使温度控制在(105±5) ℃。

(2)天平或浸水天平：称量5 kg，感量0.5 g。其型号及尺寸应能允许在臂上挂盛试样的吊篮，并能将吊篮放在水中称量。

(3)吊篮：直径和高度均为150 mm，由孔径1～2 mm的筛网或钻有2～3 mm孔洞耐锈蚀金属制成。

(4)溢流水槽：有溢流孔。

(5)标准筛：4.75 mm方孔筛一只。

(6)其他：温度计、搪瓷盘、毛巾、刷子、盛水容器等。

三、试验步骤

步骤	操作步骤	技术要点提示	操作记录及心得体会
1	广口瓶法：将试样浸水饱和，装入广口瓶中，注入饮用水，用玻璃片覆盖瓶口，上下左右摇晃排除气泡 气泡排尽后向瓶中添加饮用水，直至水面凸出瓶口边缘，用玻璃片沿瓶口迅速滑行，使其紧贴瓶口水面。擦干瓶外水分，称出试样、水、瓶和玻璃片总质量G_1。 将瓶中的试样倒入浅盘中，放在烘箱中于(105±5) ℃烘干至恒重，待冷却至室温后，称出其质量G_0 将瓶洗净并重新注入饮用水，用玻璃片紧贴瓶口水面，擦干瓶外水分后，称出水、瓶和玻璃片总质量G_2	装试样时，广口瓶应倾斜放入。试验时各项称量可在15～25 ℃范围内进行，但从试样加水静止的2 h起至试验结束，其温度变化不应超过2 ℃ 天平称量精确至1 g	

续上表

步骤	操作步骤	技术要点提示	操作记录及心得体会
2	网篮法：取试样一份装入吊篮，浸入盛水的容器中，水面至少应高出试样 50 mm，浸泡 24 h后。移放到称量用的溢流水槽中，并用上下升降吊篮的方法排除气泡（试样不得露出水面）。吊篮每升降一次约 1 s，升降高度为30～50 mm。 测定水温后（此时吊篮应全在水中），准确称出吊篮及试样在水中的质量（G_1），精确至 5 g。称量时盛水容器中水面的位置由溢流孔控制。 提起吊篮，将试样倒入浅搪瓷盘，放在干燥箱中于（105±5）℃烘干至恒重。待冷却至室温后，称出其质量（G_0），精确至 0.5 g。 称出吊篮在同样温度水中质量（G_2），精确至 5 g。称量时盛水容器的水面高度仍由溢流孔控制。 对同一规格的集料应平行试验两次，取平均值作为试验结果	试验时各项称量可在 15～25 ℃范围内进行，但从试样加水静止的 2 h 起至试验结束，其温度变化不应超过 2 ℃	
3	清洁整理仪器设备	良好卫生习惯的养成	
4	计算试验结果：以两次平行试验结果的算术平均值作为测定值，如两次结果之差值大于 20 kg/m³ 或 0.02 g/cm³时，应重新试验。对颗粒材质不均匀的试样，如两次试验结果之差超过 20 kg/m³，可取 4 次试验结果的算术平均值	表观密度 ρ_a 按下式计算，准确至小数点后 3 位 $\rho_a=\left(\frac{G_0}{G_0+G_1-G_2}-\alpha_t\right)\times\rho_水$ 式中 ρ_a——粗集料的表观密度（g/cm³）； $\rho_水$——水在 4 ℃时的密度（1 000 kg/m³）； α_t——试验时的水温对水的密度影响的修正系数，按表 3.4 取用； ρ_T——试验温度 T 时的水的密度（g/cm³），按表 3.4 取用	

表 3.4　不同水温时水的密度 ρ_T 及水温修正系数 α_t

水温（℃）	15	16	17	18	19	20
水的密度 ρ_T（g/cm³）	0.999 13	0.998 97	0.998 80	0.998 62	0.998 43	0.998 22
水温修正系数 α_t	0.002	0.003	0.003	0.004	0.004	0.005
水温（℃）	21	22	23	24	25	
水的密度 ρ_T（g/cm³）	0.998 02	0.997 79	0.997 56	0.997 33	0.997 02	
水温修正系数 α_t	0.005	0.006	0.006	0.007	0.008	

四、记录试验数据

粗集料表观密度试验记录（广口瓶法）

试验次数	试样的烘干质量 G_0（g）	试样＋广口瓶＋玻璃片＋水的质量 G_1（g）	广口瓶＋玻璃片＋水的质量 G_2（g）	粗集料的表观密度 ρ_a（kg/m³）		备注
				个别	平均	

试验者________　　组别________　　成绩________　　试验日期________

粗集料表观密度试验记录(网篮法)

试验次数	试样的烘干质量 G_0 (g)	吊篮及试样在水中质量 G_1 (g)	吊篮在水中质量 G_2 (g)	粗集料的表观相对密度 ρ_a (kg/m³)		备注
				个别	平均	

试验者________　　组别________　　成绩________　　试验日期________

五、评价试验过程

以小组为单位,展示本组试验结果。根据以下评分标准进行评分。

评价内容		分值	评　分		
			自我评价	小组评价	教师评价
材料准备	四分缩分取样	20			
	石子是否经烘干冷却				
	筛除小于 4.75 mm 的颗粒				
	水温控制				
仪器检查准备	试验前准备正确、完整	20			
	广口瓶有无裂痕、破损				
	温度计良好				
	天平是否水平				
试验操作	称量时广口瓶有无擦干,称样正确	25			
	广口瓶盖玻璃片有无大气泡				
	吊篮在溢流水槽中、水中位置				
	读数时水槽溢流孔是否滴水				
	吊篮法最后石子是否烘干至恒重				
试验结果	数据的取值	25			
	计算公式				
	结果评定				
	是否有涂改				
	试验报告完整				
安全文明操作	遵守安全文明试验规程	10			
	试验完成后认真清理仪器设备及现场				
扣分及原因分析					
合　计					

子项目 3　粗集料堆积密度与紧装密度

3.1　粗集料堆积密度与紧装密度试验前的准备

1. 明确粗集料堆积密度与紧装密度检测的试验目的。

2.熟悉粗集料堆积密度与紧装密度检测所使用的仪器设备。

3.熟悉粗集料堆积密度与紧装密度检测标准，牢记试验步骤。

4.能根据任务要求和试验步骤，合理制定试验工作计划。

学习过程

一、写出粗集料堆积密度最新检测标准名称和代号

二、学习粗集料堆积密度检测的有关知识

粗集料的堆积密度是指碎石或卵石颗粒材料在自然堆积状态下单位体积的质量。它的堆积体积除包含其密实体积外，还包含材料内部的孔隙体积和外部颗粒之间的空隙体积，因此其试验方法一般是将自然状态下的石子装满一定容积的容器中，则容器的容积即为石子材料的堆积体积。堆积密度又根据石子材料在堆积时的紧密程度分为松散堆积密度（自然堆积密度）和紧装堆积密度（紧密堆积状态）。根据石子在自然状态下的堆积密度及表观密度，可计算石子的空隙率，并为水泥混凝土配合比设计提供数据。

$$空隙率=(1-堆积密度/表观密度)\times 100\% \quad (3.1)$$

三、写出粗集料堆积密度检测的方法

四、认识粗集料堆积密度检测的主要仪器设备（见图3.10）

表3.5 粗集料容量筒的规格要求

粗集料公称最大粒径(mm)	容量筒容积(L)	容量筒规格(mm)			筒壁厚度(mm)
		内径	净高	底厚	
9.5～26.5	10	208	294	5.0	2.0
31.5～37.5	20	294	294	5.0	3.0
53,63,75	30	360	294	5.0	4.0

图3.10 容量筒

五、制定小组试验工作计划

查阅相关试验标准，了解试验任务的基本步骤，根据任务要求，结合试验室仪器设备的实际情况，制定小组试验工作计划。

粗集料堆积密度与紧装密度试验工作计划

1. 人员分工

(1)小组负责人：____________________。

(2)小组成员及分工。

姓　　名	分　　工

2. 工具及材料清单

序　　号	工具或材料名称	单　　位	数　　量	备　　注

六、评价试验准备情况

以小组为单位，展示本组制定的试验工作计划，在教师点评的基础上对试验计划进行修改完善，并根据以下评分标准进行评分。

评价内容	分值	评　　分		
		自我评价	小组评价	教师评价
计划制定是否有条理	10			
计划是否全面、完善	10			
人员分工是否合理	10			
任务要求是否明确	20			
工具清单是否正确、完整	20			
材料清单是否正确、完整	20			
团结协作	10			
合　　计				

3.2　粗集料堆积密度与紧装密度试验及报告完成

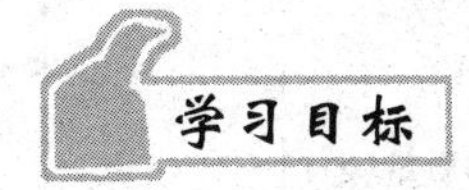

1. 能正确使用不同规格容量筒，在台秤上正确读数。

2. 能正确判断并处理试验操作过程中出现的异常问题。

3. 能将试验仪器设备正确归位并清理现场。

4. 能正确填写试验报告并判定试验结果。

一、准备好试验材料

按粗集料取样法取样，经(105±5) ℃烘干至恒重冷却后干燥的碎石或卵石，四分缩分取样，拌匀后把试样分成大至的两份备用。

二、检查试验仪器的完好性

(1)天平或台秤：称量 10 kg，感量 10 g；称量 50 kg，感量 50 g；各一台。

(2)容量筒：规格应满足粗集料粒径标准要求。

(3)直尺、小铲等。

(4)烘箱：能控温(105±5) ℃。

(5)捣棒：直径 16 mm，长 600 mm，一端为圆头的钢棒。

三、试验步骤

步骤	操作步骤	技术要点提示	操作记录及心得体会
1	按规定取样，用浅盘装试样，在温度为(105±5) ℃的烘箱中烘干至恒重，取出并冷却至室温，筛除小于4.75 mm的颗粒，分成大致相等的两份备用		
2	松散堆积密度：取试样1份，小心将试样从容量筒口中心上方50 mm处缓缓倒入，让试样自由落体落下，当容量筒上部试样呈锥体，且容量筒四周溢满时，即停止加料。除去凸出筒口表面的颗粒，并以合适的颗粒填入凹陷空隙，使表面稍凸起部分和凹陷部分的体积大致相等，称取试样和容量筒总量(m_2)	称量精确至10 g	
3	紧装堆积密度：取试样1份，分三次装入容量筒。装完第一层后，在筒底垫放一根直径为16 mm的圆钢，将筒按住，左右交替颠击地面各25下；然后装入第二层，用同样的方法颠实(但筒底所垫钢筋的方向应与第一层放置方向垂直)；然后再装入第三层，同样方法颠实；待三层试样装填完毕后，加料直到试样超出容量筒口，用钢筋沿筒口边缘刮去高出筒口的颗粒，用合适的颗粒填平凹处，使表面稍凸起部分和凹陷部分的体积大致相等，称取试样和容量筒总质量(G_2)	称量精确至10 g	
4	容量筒容积的标定： 将温度为(20±2) ℃的饮用水装满容量筒，用一玻璃板沿筒口推移，使其紧贴水面，擦干筒外水分，称取容量筒与水的总质量(G_1)，精确至10 g	容量筒的容积按下式计算，精确至1 mL： $V=m_2-m_1$ 式中 V——容量筒的容积(mL)； m_2——容量筒、玻璃板、和水总的质量(g)； m_1——容量筒与玻璃板的质量(g)	

续上表

步骤	操作步骤	技术要点提示	操作记录及心得体会
5	清洁整理仪器设备	良好卫生习惯的养成	
6	计算试验结果： 以两次试验结果的算术平均值作为测定值	堆积密度(包括在松散或紧装堆积密度)，按下式计算，精确至 10 kg/m³： $\rho=\frac{G_2-G_1}{V}$ 式中　ρ——堆积密度(kg/m³)； G_1——容量筒的质量(kg)； G_2——容量筒和试样的总质量(kg)； V——容量筒容积(L) 采用修约值比较法进行评定 空隙率按下式计算，精确至 1%： $V_c=\left(1-\frac{\rho}{\rho_a}\right)\times 100$ 式中　V_c——粗集料的空隙率(%)； ρ_a——粗集料表观密度(kg/m³)； ρ——粗集料松散堆积或紧密堆积密度(kg/m³) 采用修约值比较法进行评定	

四、记录试验数据

粗集料堆积密度试验记录

试验次数	容量筒体积 V(L)	容量筒质量 G_1(kg)	试样加容量筒的质量 G_2(kg)	粗集料的质量 (G_2-G_1)(kg)	堆积密度 ρ(kg/m³)		备注
					个别	平均	
1							
2							

试验者________　　组别________　　成绩________　　试验日期________

粗集料紧装密度试验记录

试验次数	容量筒体积 V(L)	容量筒质量 G_1(kg)	试样加容量筒的质量 G_2(kg)	粗集料的质量 (G_2-G_1)(kg)	振实密度 ρ(kg/m³)		备注
					个别	平均	
1							
2							

试验者________　　组别________　　成绩________　　试验日期________

粗集料空隙率计算

试验次数	粗集料的松方密度(振实状态) ρ(kg/m³)	粗集料的表观密度 ρ_a(kg/m³)	粗集料的空隙率 V_c(%)	备注
1				
2				

试验者________　　组别________　　成绩________　　试验日期________

五、评价试验过程

以小组为单位，展示本组试验结果。根据以下评分标准进行评分。

评价内容		分值	评　分		
			自我评价	小组评价	教师评价
材料准备	四分缩分取样	20			
	石子是否经烘干冷却至恒重				
	是否筛除中于4.75 mm的颗粒				
	材料准备充分				
仪器检查准备	试验前准备正确、完整	20			
	容量筒规格选用是否正确				
	容量筒有无破损漏料				
	天平是否水平				
试验操作	石子及容量筒称重正确	25			
	容量筒中心上方50 cm处加料自由落体				
	紧装堆积是否三次垂直颠击各25下				
	容量筒刮除多余凸料，在空隙凹处选用合适颗粒回填				
	试验步骤清晰有序				
试验结果	数据的取值	25			
	计算公式				
	结果评定				
	是否有涂改				
	试验报告完整				
安全文明操作	遵守安全文明试验规程	10			
	试验完成后认真清理仪器设备及现场				
扣分及原因分析					
合　计					

子项目4　粗集料筛分析试验

4.1　粗集料筛分析试验前的准备

1. 明确粗集料筛分析检测的试验目的。
2. 熟悉粗集料筛分析检测所使用的仪器设备。
3. 熟悉粗集料筛分析检测标准，牢记试验步骤。
4. 能根据任务要求和试验步骤，合理制定试验工作计划。

一、写出粗集料筛分析最新检测标准名称和代号

____

二、学习粗集料筛分析试验的有关知识

(1)什么是粗集料的最大粒径?

____

(2)石子的级配按粒径尺寸可分为__________和__________两种。__________级配不易发生分层离析现象,易于保证混凝土的质量,便于大型混凝土搅拌站使用,适合泵送混凝土,故目前应用得比较广泛。

石子的颗粒级配测定用标准方孔筛一套共 12 个,筛孔尺寸分别为________________________________,将石子筛分后,计算出各筛上的分计筛余百分率和累计筛余百分率。

三、写出粗集料颗粒级配和粗细程度检测的方法

对水泥混凝土用粗集料可采用__________法,如果需要也可采用__________法筛分;对沥青混合料及基层用粗集料必须用__________法筛分。

四、认识粗集料筛分试验的主要仪器设备(见图 3.11、图 3.12)

图 3.11　摇筛机

图 3.12　砂石筛底盖

五、制定小组试验工作计划

查阅相关试验标准,了解试验任务的基本步骤,根据任务要求,结合试验室仪器设备的实际情况,制定小组试验工作计划。

粗集料筛分析试验工作计划

1.人员分工

(1)小组负责人:__________________。

(2)小组成员及分工。

姓　名	分　工

2. 工具及材料清单

序　　号	工具或材料名称	单　　位	数　　量	备　　注

六、评价试验准备情况

以小组为单位，展示本组制定的试验工作计划，在教师点评的基础上对试验计划进行修改完善，并根据以下评分标准进行评分。

评价内容	分值	评　　分		
		自我评价	小组评价	教师评价
计划制定是否有条理	10			
计划是否全面、完善	10			
人员分工是否合理	10			
任务要求是否明确	20			
工具清单是否正确、完整	20			
材料清单是否正确、完整	20			
团结协作	10			
合　　计				

4.2　粗集料筛分析试验及报告完成

1. 能正确使用石样标准套筛和摇筛机，在天平上正确取值读数。
2. 能正确判断并处理试验操作过程中出现的异常问题。
3. 能将试验仪器设备正确归位并清理现场。
4. 能正确填写试验报告并判定试验结果。

一、准备好试验材料

按规定将材料用四分法缩分至表3.6要求的试样所需用量，烘干或风干后备用。根据需要可按要求的集料最大粒径的筛孔尺寸过筛，除去超粒径部分颗粒后，再进行筛分。

表3.6　颗粒级配试验所需试样数量

最大粒径(mm)	9.5	16.0	19.0	26.5	31.5	37.5	63.0	75.0
最少试样质量(kg)	1.9	3.2	3.8	5.0	6.3	7.5	12.6	16.0

二、检查试验仪器的完好性

(1)鼓风干燥箱：温度控制在(105±5) ℃；

(2)天平：称量 10 kg，感量 1 g；

(3)方孔筛：孔径为 2.36 mm，4.75 mm，9.5 mm，16.0 mm，19.0 mm，26.5 mm，31.5 mm，37.5 mm，53.0 mm，63.0 mm，75.0 mm，90 mm 的筛各一只，并附有筛底和筛盖；

(4)摇筛机；

(5)搪瓷盘等。

三、试验步骤(干筛法)

步骤	操作步骤	技术要点提示	操作记录及心得体会
1	根据试样的最大粒径，称取按表中规定数量试样一份，精确到 1 g。将套筛由筛孔尺寸 2.36 mm 以上按由小到大顺序从下至上排列	四分法缩分取样	
2	将试样倒入——按孔径大到小从上到下组合的套筛上，然后进行筛分	最大号孔筛由粗集料最大粒径决定	
3	将套筛置于摇筛机上，摇 10 min；取下套筛，按筛孔大小顺序再逐个用手筛，筛至每分钟通过量小于试样总量的 0.1%为止。通过的颗粒并入下一号筛中，并和下一号筛中的试样一起过筛，这样按顺序进行，直至各号筛全部筛完为止。称出各号筛的筛余量，精确至 1 g	如果某个筛上的集料过多，影响筛分作业时，可以分两次筛分。当筛余颗粒的粒径大于 19 mm 时，在筛分过程中允许用手指轻轻拨动颗粒，但不得逐颗塞过筛孔	
4	清洁整理仪器设备	良好卫生习惯的养成	
5	计算试验结果：(1)计算分计筛余百分率：各号筛的筛余量与试样总质量之比，精确至 0.1% (2)计算累计筛余百分率：该号筛及以上各筛的分计筛余百分率之和，精确至 1%	同一种集料至少取两个试样平行试验两次，取平均值作为每号筛上筛余量的试验结果 筛分后，如每号筛的筛余量与筛底的筛余量之和同原试样质量之差超过 1%时，应重新试验	

四、记录试验数据

粗集料筛分试验记录

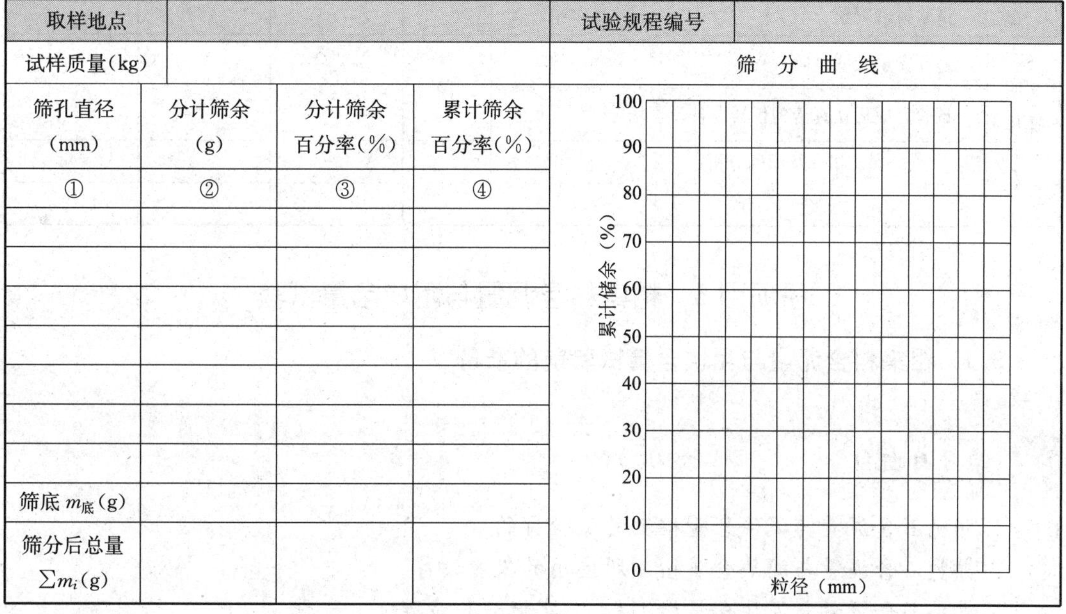

取样地点				试验规程编号	
试样质量(kg)				筛 分 曲 线	
筛孔直径(mm)	分计筛余(g)	分计筛余百分率(%)	累计筛余百分率(%)		
①	②	③	④		
筛底 $m_{底}$(g)					
筛分后总量 $\sum m_i$(g)					

试验者________　　组别________　　成绩________　　试验日期________

五、评价试验准备情况

以小组为单位,展示本组试验结果。根据以下评分标准进行评分。

<table>
<tr><th colspan="2" rowspan="2">评价内容</th><th rowspan="2">分值</th><th colspan="3">评　分</th></tr>
<tr><th>自我评价</th><th>小组评价</th><th>教师评价</th></tr>
<tr><td rowspan="4">材料准备</td><td>石样是否搅拌均匀四分缩分取样</td><td rowspan="4">20</td><td rowspan="4"></td><td rowspan="4"></td><td rowspan="4"></td></tr>
<tr><td>石是否经烘干冷却至恒重</td></tr>
<tr><td>是否筛除小于2.36 mm的颗粒</td></tr>
<tr><td>材料准备充分</td></tr>
<tr><td rowspan="4">仪器检查准备</td><td>试验前准备正确、完整</td><td rowspan="4">20</td><td rowspan="4"></td><td rowspan="4"></td><td rowspan="4"></td></tr>
<tr><td>石筛有无破损</td></tr>
<tr><td>砂套筛号由大到小整齐排列最大筛号正确</td></tr>
<tr><td>天平是否水平</td></tr>
<tr><td rowspan="5">试验操作</td><td>石称重取值正确</td><td rowspan="5">25</td><td rowspan="5"></td><td rowspan="5"></td><td rowspan="5"></td></tr>
<tr><td>试验中无漏料、洒料</td></tr>
<tr><td>每级筛充分筛至每分钟的通过量小于试样总质量的0.1%</td></tr>
<tr><td>套筛在试验中摆放整齐、不零乱</td></tr>
<tr><td>试验步骤清晰有序</td></tr>
<tr><td rowspan="5">试验结果</td><td>数据的取值</td><td rowspan="5">25</td><td rowspan="5"></td><td rowspan="5"></td><td rowspan="5"></td></tr>
<tr><td>计算公式</td></tr>
<tr><td>结果评定</td></tr>
<tr><td>是否有涂改</td></tr>
<tr><td>试验报告完整</td></tr>
<tr><td rowspan="2">安全文明操作</td><td>遵守安全文明试验规程</td><td rowspan="2">10</td><td rowspan="2"></td><td rowspan="2"></td><td rowspan="2"></td></tr>
<tr><td>试验完成后认真清理仪器设备及现场</td></tr>
<tr><td colspan="2">扣分及原因分析</td><td></td><td></td><td></td><td></td></tr>
<tr><td colspan="2">合　计</td><td></td><td></td><td></td><td></td></tr>
</table>

子项目5　粗集料含泥量与泥块含量试验

5.1　粗集料含泥量与泥块含量试验前的准备

1. 明确石含泥量与泥块含量检测的试验目的。
2. 熟悉石含泥量与泥块含量检测所使用的仪器设备。
3. 熟悉石含泥量与泥块含量检测标准,牢记试验步骤。
4. 能根据任务要求和试验步骤,合理制定工作计划。

一、写出粗集料含泥量和泥块含量最新检测标准名称和代号

____

二、复习粗集料含泥量和泥块含量检测的有关知识

粗集料中有害杂质主要有______________________________。它们的危害有____。

三、写出粗集料含泥量和泥块含量检测的方法

____

含泥量的检测：本方法用于测定碎石或砾石中粒径______mm的尘屑、淤泥和黏土的含量。

泥块含量的检测：测定水泥混凝土用碎石或砾石中颗粒______mm的泥块含量。

四、认识粗集料含泥量和泥块含量试验的主要仪器设备（见图3.13、图3.14）

图3.13 套筛

图3.14 方孔筛

五、制定小组试验工作计划

查阅相关试验标准，了解试验任务的基本步骤，根据任务要求，结合试验室仪器设备的实际情况，制定小组试验工作计划。

粗集料含泥量与泥块含量试验工作计划

1.人员分工

(1)小组负责人：____________________。

(2)小组成员及分工。

姓　名	分　工

2. 工具及材料清单

序　号	工具或材料名称	单　位	数　量	备　注

六、评价试验准备情况

以小组为单位，展示本组制定的试验工作计划，在教师点评的基础上对试验计划进行修改完善，并根据以下评分标准进行评分。

评价内容	分值	评　分		
		自我评价	小组评价	教师评价
计划制定是否有条理	10			
计划是否全面、完善	10			
人员分工是否合理	10			
任务要求是否明确	20			
工具清单是否正确、完整	20			
材料清单是否正确、完整	20			
团结协作	10			
合　计				

5.2　粗集料含泥量与泥块含量试验及报告完成

1. 能正确使用石筛号分别对石样中泥和泥块进行淘洗，并对水洗前后烘干石样在电子天平上正确取值读数。

2. 能正确判断并处理试验操作过程中出现的异常问题。

3. 能将试验仪器设备正确归位并清理现场。

4. 能正确填写试验报告并判定试验结果。

一、准备好试验材料

含泥量检测：按表 3.7 中规定取样，并将试样缩分至略大于下表规定的 2 倍数量，放在烘箱中于(105±5) ℃下烘干至恒量，待冷却至室温后，分为大致相等的两份备用。

表 3.7　含泥量试验所需试样数量

最大粒径(mm)	9.5	16.0	19.0	26.5	31.5	37.5	63.0	75.0
最少试样质量(kg)	2.0	2.0	6.0	6.0	10.0	10.0	20.0	20.0

泥块含量检测：按规定取样，并将试样缩分至略大于上表规定的 2 倍数量，放在烘箱中于(105±5) ℃下烘干至恒量，待冷却至室温后，筛除小于 4.75 mm 的颗粒，分为大致相等的两份备用。

二、检查试验仪器的完好性

(1)鼓风烘箱：能使温度控制在(105±5) ℃。

(2)天平：称量 10 kg，感量 1 g。

(3)方孔筛：测泥含量时用孔径为 75 μm 及 1.18 mm 的筛各 1 只；测泥块含量时，则用 2.36 mm 及 4.75 mm 的方孔筛各 1 只。

(4)容器：要求淘洗试样时，保持试样不溅出。

(5)搪瓷盘、毛刷等。

三、试验步骤(冲洗法)

步骤	操作步骤	技术要点提示	操作记录及心得体会
1	含泥量检测： (1)根据试样最大粒径，称取按表规定数量的试样 1 份。将试样放入淘洗容器中，注入清水，使水面高于试样上表面 150 mm，充分搅拌均匀后，浸泡 2 h，然后用手在水中淘洗试样，使尘屑、淤泥和黏土与石子颗粒分离，把浑水缓缓倒入 1.18 mm 及 0.075 mm 的套筛上，滤去小于 75 μm 的颗粒。 (2)再向容器中注入清水，重复上述操作，直至容器内的水目测清澈为止。 (3)用水淋洗剩余在筛上的细粒，并将 75 μm 筛放在水中(使水面略高出筛中石子颗粒的上表面)来回摇动，以充分洗掉小于 75 μm 的颗粒，然后将两只筛上筛余的颗粒和清洗容器中已经洗净的试样一并倒入搪瓷盘中，置于烘箱中于(105±5) ℃下烘干至恒量，待冷却至室温后，称出其质量	1.18 mm 筛放在 75 μm 筛上面，试验前筛子的两面应先用水润湿，在整个过程中应小心防止石粒流失。 称量精确至 1 g	
2	泥块含量检测： (1)称取按表规定数量的试样 1 份。将试样倒入淘洗容器中，注入清水，使水面高于试样上表面。充分搅拌均匀后，浸泡 24 h。然后用手在水中碾碎泥块，再把试样放在 2.36 mm 筛上，用水淘洗，直至容器内的水目测清澈为止。 (2)保留下来的试样小心地从筛中取出，装入搪瓷盘后，放在烘箱中于(105±5) ℃下烘干至恒量，待冷却至室温后，称出其质量	称量精确至 1 g 试验前筛子的两面应先用水润湿	
3	平行试验各两次		
4	清洁整理仪器设备	良好卫生习惯的养成	
5	计算试验结果： 含泥量、泥块含量取两个试样的试验结果算术平均值作为测定值，精确至 0.1%	(1)含泥量按下式计算： $Q_a=\frac{G_1-G_2}{G_1}\times 100$ 式中　Q_a——含泥量(%)； G_1——试验前烘干试样的质量(g)； G_2——试验后烘干试样的质量(g)。 (2)泥块含量按下式计算： $Q_b=\frac{G_1-G_2}{G_1}\times 100$ 式中　Q_b——泥块含量(%)； G_1——4.75 mm 筛筛余试样的质量(g)； G_2——试验后烘干试样的质量(g)	

四、记录试验数据

粗集料含泥量及泥块含量试验记录

含泥量	试验前的烘干试样质量 G_1(g)	试验后的烘干试样质量 G_2(g)	含泥量 $Q_a=(G_1-G_2)/G_1\times100\%$	平均值(%)
泥块含量	4.75 mm筛筛余量 G_1(g)	试验后的烘干试样质量 G_2(g)	泥块含量 $Q_b=(G_1-G_2)/G_1\times100\%$	平均值(%)

试验者________ 组别________ 成绩________ 试验日期________

五、评价试验过程

以小组为单位，展示本组试验结果。根据以下评分标准进行评分。

评价内容		分值	评分		
			自我评价	小组评价	教师评价
材料准备	石样是否搅拌均匀四分缩分取样	20			
	石样是否经烘干冷却至恒重				
	泥块试验是否筛除大于4.75 mm的颗粒				
	材料准备充分				
仪器检查准备	试验前准备正确、完整	20			
	石筛有无破损				
	石样套筛是否按筛号由大到小整齐排列				
	天平是否水平				
试验操作	石样称重取值正确	25			
	试验中无漏料、石粒流失				
	套筛、筛号在试验中摆放、使用正确				
	淘洗后石样烘干至恒重称样				
	试验步骤清晰有序				
试验结果	数据的取值	25			
	计算公式				
	结果评定				
	是否有涂改				
	试验报告完整				
安全文明操作	遵守安全文明试验规程	10			
	试验完成后认真清理仪器设备及现场				
扣分及原因分析					
合计					

子项目6 粗集料针片状颗粒含量试验

6.1 粗集料针片状颗粒含量试验前的准备

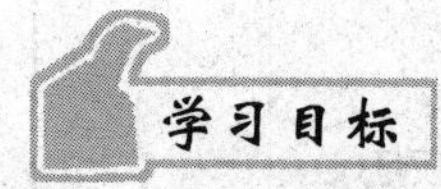

1. 明确粗集料针片状颗粒含量检测的试验目的。

2. 熟悉粗集料针片状颗粒含量检测指标所使用的仪器设备，并检查其是否完好。

3. 熟悉粗集料针片状颗粒含量检测标准，牢记试验步骤。

4. 能根据任务要求和试验步骤，合理制定工作计划。

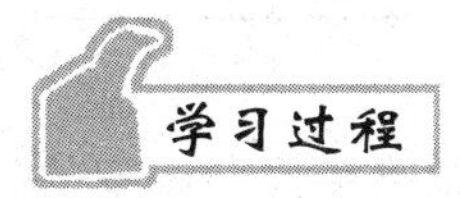

一、写出粗集料针片状颗粒含量最新检测标准名称和代号

____

二、学习粗集料针片状颗粒含量检测的有关知识

粗集料的颗粒形状以接近立方体或球体为佳，不宜含有过多的针、片状颗粒，否则会使集料空隙增大，密实度降低，影响混凝土拌和物的流动性、降低混凝土强度及耐久性等。

针状颗粒是指颗粒长度大于该颗粒平均粒径______倍的颗粒，片状颗粒是指颗粒厚度小于该颗粒平均粒径______倍的颗粒。平均粒径是指____的平均值。混凝土用石子的针、片状颗粒含量应符合表 3.8 的标准规定。

表 3.8　石子中有害物质的限量(GB/T ____________)

项　　目	Ⅰ类	Ⅱ类	Ⅲ类
针、片状颗粒含量(按质量计，%)			

三、写出粗集料针片状颗粒含量检测的方法

____

本方法适用于测定水泥混凝土使用的 4.75 mm 以上的粗集料的针状及片状颗粒含量，以百分率计，用以评价集料的形状和抗压碎能力，以评定其在工程中的适用性。

四、认识粗集料针片状颗粒含量检测的主要仪器设备(见图 3.15)

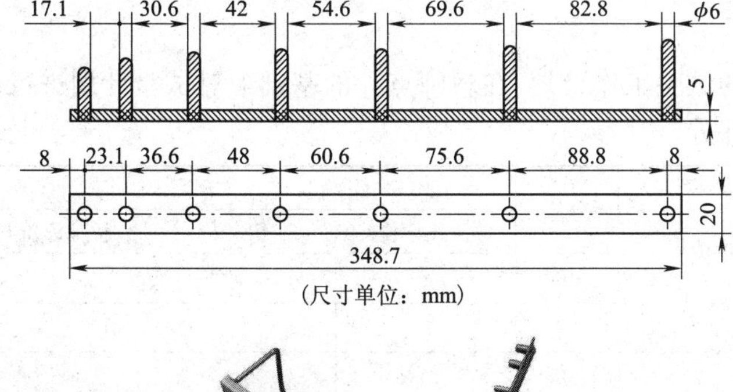

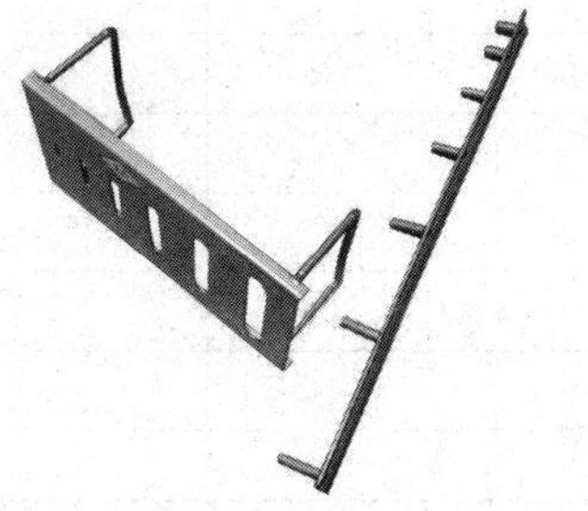

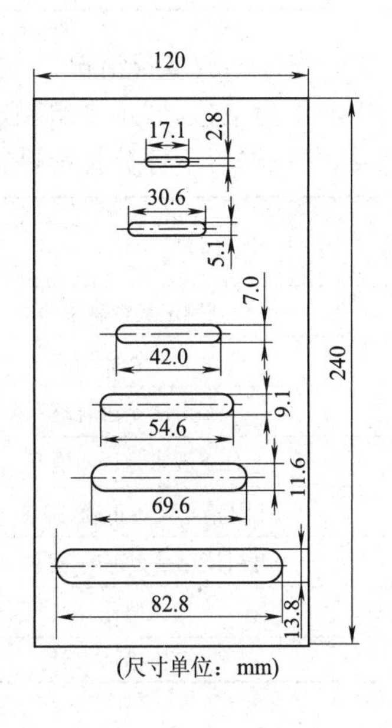

图 3.15　针片状规准仪

表 3.9 水泥混凝土集料针、片状颗粒试验的粒级划分及其相应的规准仪仪孔宽或间距

粒级(方孔筛)(mm)	4.75～9.5	9.5～16	16～19	19～26.5	26.5～31.5	31.5～37.5
针状规准仪上相对应的立柱之间的间距宽(mm)	17.1	30.6	42.0	54.6	69.6	82.8
片状规准仪上相对应的孔宽(mm)	2.8	5.1	7.0	9.1	11.6	13.8

五、制定小组试验工作计划

查阅相关试验标准,了解试验任务的基本步骤,根据任务要求,结合试验室仪器设备的实际情况,制定小组试验工作计划。

粗集料针片状颗粒含量试验工作计划

1. 人员分工

(1)小组负责人:________________。

(2)小组成员及分工。

姓　名	分　工

2. 工具及材料清单

序　号	工具或材料名称	单　位	数　量	备　注

六、评价试验准备情况

以小组为单位,展示本组制定的试验工作计划,在教师点评的基础上对试验计划进行修改完善,并根据以下评分标准进行评分。

评价内容	分值	评　分		
		自我评价	小组评价	教师评价
计划制定是否有条理	10			
计划是否全面、完善	10			
人员分工是否合理	10			
任务要求是否明确	20			
工具清单是否正确、完整	20			
材料清单是否正确、完整	20			
团结协作	10			
合　计				

6.2　粗集料颗粒针片状颗粒含量试验及试验报告完成

1. 能正确使用针片状规准仪。
2. 能正确判断并处理试验操作过程中出现的异常问题。
3. 能将试验仪器设备正确归位并清理现场。
4. 能正确填写试验报告并判定试验结果。

一、准备好试验材料

按规定取样，并将试样用四分法缩分至略大于下表规定的数量，风干或烘干至表面干燥备用。根据试样最大粒径，称取按表3.10所规定的试样一份，然后筛分成表3.11粒级备用。

表3.10　针、片状颗粒含量试验所需的试样数量

最大粒径(mm)	9.5	16	19	26.5	31.5	37.5	63.0	75.0
最少试样质量(kg)	0.3	1	2	3	5	10	10	10

表3.11　大于37.5 mm的颗粒中针、片状颗粒含量试验的粒级划分及其相应的卡尺卡口设定宽度

石子粒级(mm)	37.5～53.0	53.0～63.0	63.0～75.0	75.0～90.0
针状颗粒的卡尺卡口设定宽度(mm)	108.6	139.2	165.6	198.0
片状颗粒的卡尺卡口设定宽度(mm)	18.1	23.2	27.6	33.0

二、检查试验仪器的完好性

(1)水泥混凝土集料片状及针状规准仪。

(2)天平：称量10 kg，感量1 g。

(3)方孔筛：孔径为4.75 mm、9.5 mm、16.0 mm、19.0mm、26.5 mm、31.5 mm、37.5 mm的方孔筛各一个，根据需要选用。

三、试验步骤(规准仪法)

步骤	操作步骤	技术要点提示	操作记录及心得体会
1	四分缩分烘干按最大粒径取样(G_1)，精确到1 g	对材料有何要求	
2	按规定的粒级用规准仪逐粒对试样进行鉴定：凡颗粒长度大于针状规准仪上相应间距者，为针状颗粒；颗粒厚度小于片状规准仪上相应孔宽者，为片状颗粒。称出其总质量(G_2)	精确到1 g	
3	大于37.5 mm的颗粒中针、片状颗粒含量试验的粒级划分及其相应的卡尺卡口设定宽度		
4	清洁整理仪器设备	良好卫生习惯的养成	

续上表

步骤	操作步骤	技术要点提示	操作记录及心得体会
5	计算试验结果：针、片状颗粒含量按下式计算 $$Q_c=\frac{G_2}{G_1}\times 100$$ 式中　Q_c——针、片状颗粒含量(%)； G_2——试样中所含针、片状颗粒的总质量(g)； G_1——试样的质量(g)。 采用修约值比较法进行评定	结果精确至1%	

四、记录试验数据

粗集料针、片状颗粒含量试验记录

试验次数	试样质量 G_1(g)	针、状片状颗粒总质量 G_2(g)	针、片状颗粒含量 Q_c(%)
1			
2			

试验者________　　组别________　　成绩________　　试验日期________

五、评价试验过程

以小组为单位，展示本组试验结果。根据以下评分标准进行评分。

评价内容		分值	评　分		
			自我评价	小组评价	教师评价
材料准备	四分法缩分	20			
	风干或烘干				
	按粗集料最大粒径取样				
	试验前筛除 4.75 mm 颗粒				
仪器检查准备	试验前准备正确、完整	20			
	针片状规准仪检查				
	方孔筛是否按顺序摆放				
	方孔筛有无破损检查				
试验操作	石称样正确	25			
	仪器操作正确、熟练				
	试样是否逐级过筛				
	试样是否逐级比对规准仪				
	试验中有无异常				
试验结果	数据的取值	25			
	计算公式				
	结果评定				
	是否有涂改				
	试验报告完整				
安全文明操作	遵守安全文明试验规程	10			
	试验完成后认真清理仪器设备及现场				
扣分及原因分析					
合　计					

子项目7　粗集料压碎值指标试验

7.1　粗集料压碎值指标试验前的准备

1. 明确粗集料压碎值指标检测的试验目的。
2. 熟悉粗集料压碎值指标检测所使用的仪器设备。
3. 熟悉粗集料压碎值指标检测标准，牢记试验步骤。
4. 能根据任务要求和试验步骤，合理制定工作计划。

一、写出粗集料压碎值指标最新检测标准名称和代号

____

二、学习粗集料压碎值指标检测的有关知识

石子在混凝土中起骨架作用，它的强度直接影响混凝土的强度，因此混凝土中的石子必须致密且具有足够的强度。石子的强度一般用____________或____________来表示。工程中常采用____________来衡量石子的强度。压碎指标是将一定质量在气干状态下9.5～13.2 mm的石子（去除针、片状颗粒的石子）按规定方法装入压碎值测定仪的圆筒内，在3～5 min内均匀加压到400 kN并稳定5 s，然后用孔径为2.36 mm的筛子进行筛分，筛除被压碎的细粒，称取留在筛上的试样质量。压碎指标为：

$$Q_e=\frac{m_1-m_2}{m_1}\times 100\% \tag{3.2}$$

式中　Q_e——石子的压碎指标（%）；

m_1——试样质量（g）；

m_2——经压碎、筛分后筛余的试样质量（g）。

压碎指标值越小，表示石子抵抗压碎的能力越强，石子的强度越高。对不同强度等级的混凝土，所用石子的压碎指标应符合表3.12的规定。

表3.12　压碎指标(GB/T __________)

项　目	指　标		
	Ⅰ类	Ⅱ类	Ⅲ类
碎石压碎指标（%）			
卵石压碎指标（%）			

三、了解压碎值指标检测的试验目的

集料压碎值用于衡量石料在逐渐增加的荷载下抵抗压碎的能力，它是衡量石料力学性

质的指标之一，用以评定其在工程中的适用性。

四、认识粗集料压碎值指标检测的主要仪器设备(见图 3.16、图 3.17)

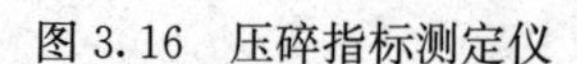
图 3.16 压碎指标测定仪

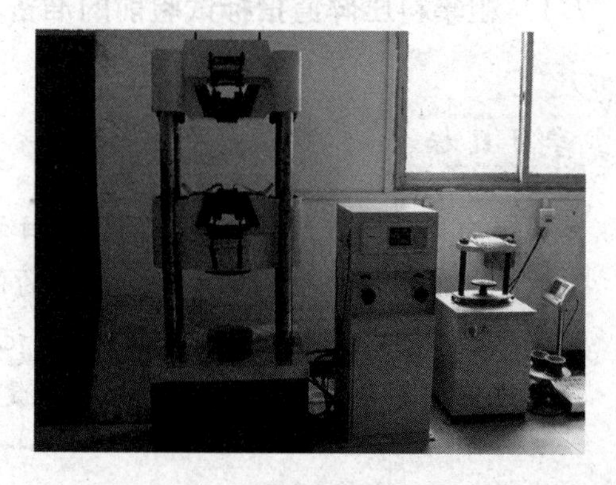

图 3.17 万能材料试验机

五、制定小组试验工作计划

查阅相关试验标准，了解试验任务的基本步骤，根据任务要求，结合试验室仪器设备的实际情况，制定小组试验工作计划。

粗集料压碎值指标试验工作计划

1.人员分工

(1)小组负责人：＿＿＿＿＿＿＿＿＿＿＿。

(2)小组成员及分工。

姓　名	分　工

2.工具及材料清单

序　号	工具或材料名称	单　位	数　量	备　注

六、评价试验准备情况

以小组为单位，展示本组制定的试验工作计划，在教师点评的基础上对试验计划进行修改完善，并根据以下评分标准进行评分。

评价内容	分值	评　分		
		自我评价	小组评价	教师评价
计划制定是否有条理	10			
计划是否全面、完善	10			
人员分工是否合理	10			
任务要求是否明确	20			
工具清单是否正确、完整	20			
材料清单是否正确、完整	20			
团结协作	10			
合　计				

7.2　粗集料压碎值指标试验及试验报告完成

1. 能正确使用压碎值指标测定仪和万能材料试验机。
2. 能正确判断并处理试验操作过程中出现的异常问题。
3. 能将试验仪器设备正确归位并清理现场。
4. 能正确填写试验报告并判定试验结果。

一、准备好试验材料

按规定取样，风干后筛除大于 19.0 mm 及小于 9.5 mm 的颗粒，并去除针、片状颗粒，分为大致相等的三份备用，每份约 3 kg。当试样中粒径在 9.5～19.0 mm 之间的颗粒不足时，允许将粒径大于 19.0 mm 的颗粒破碎成粒径在 9.5～19.0 mm 之间的颗粒用于压碎指标试验。

二、检查试验仪器的完好性

(1)压力试验机：量程 300 kN，示值相对误差 2%。

(2)天平：称量 10 kg，感量 1 g。

(3)受压试模。

三、试验步骤

步骤	操作步骤	技术要点提示	操作记录及心得体会
1	四分缩分烘干取样三份备用	对材料有何要求	
2	称取试样(G_1)3 000 g。将试样分两层装入圆模(置于底盘上)内,每装一层试样后,在底盘下面垫放一直径为 10 mm 的圆钢,将筒按住,左右交替颠击地面各 25 下,两层颠实后,平整模内试样表面,盖上压头。当圆模装不下 3 000 g 试样时,以装至距模上口 10 mm 为准	精确到 1 g 二次垂直颠击的目的是什么,平整模内试样表面的目的	
3	把装有试样的圆模置于压力机上,开动压力试验机,按 1 kN/s 速度均匀加荷至 200 kN 并稳荷 5 s,然后卸荷。取下加压头,倒出试样,用孔径为 2.36 mm 的筛筛除被压碎的细粒,称出留在筛上的试样质量(G_2),精确至 1 g	注意控制加荷速度与最大荷载	
4	三次平行试验		
5	清洁整理仪器设备	良好卫生习惯的养成	
5	计算试验结果: 压碎指标取三次试验结果的算术平均值,准确至 1% 采用修约值比较法进行评定	压碎值指标按下式计算,精确至 0.1%: $Q_e=\frac{G_1-G_2}{G_1}\times 100$ 式中 Q_e——压碎值指标(%); G_1——试验前试样的质量(g); G_2——压碎试验后 2.36 mm 筛上筛余的试样质量(g)	

四、记录试验数据

粗集料压碎值试验记录

试验次数	试验前试样质量 G_1(g)	试验后通过 2.36 mm 筛孔的细料质量 G_1-G_2(g)	压碎值 Q_e(%)	
			个别	平均
1				
2				
3				

试验者________　　组别________　　成绩________　　试验日期________

五、评价试验准备情况

以小组为单位,展示本组试验结果。根据以下评分标准进行评分。

评价内容		分值	评　　分		
			自我评价	小组评价	教师评价
材料准备	四分法缩分	20			
	风干或烘干				
	筛除大于19.0 mm及小于9.5 mm的颗粒				
	去除针、片状颗粒				
仪器检查准备	万能材料机试机	20			
	压碎值指标测定仪检查				
	方孔筛筛号检查				
	方孔筛有无破损检查				
试验操作	粗集料称样正确	25			
	装料是否二次垂直颠击				
	压碎值指标测定仪装料是否平整				
	万能材料机操作、设定正确熟练				
	压后试样是否过2.36 mm筛称样				
试验结果	数据的取值	25			
	计算公式				
	结果评定				
	是否有涂改				
	试验报告完整				
安全文明操作	遵守安全文明试验规程	10			
	试验完成后认真清理仪器设备及现场				
扣分及原因分析					
合　　计					

子项目8　粗集料检测项目的总结与评价

1. 能以小组形式，对学习过程和实训成果进行汇报总结。

2. 完成对学习过程的综合评价。

一、工作总结

以小组为单位，选择演示文稿、展板、海报、录像等形式中的一种或几种，向全班展示，汇报学习成果。

二、综合评价

评价项目	评价内容	评价标准	评价方式		
			自我评价	小组评价	教师评价
职业素养	安全意识、责任意识	A. 作风严谨、自觉遵章守纪、出色完成试验任务 B. 能够遵守规章制度、较好地完成试验任务 C. 遵守规章制度、没完成试验任务或完成试验任务、但忽视规章制度 D. 不遵守规章制度、没完成试验任务			
	学习态度主动	A. 积极参与教学活动,全勤 B. 缺勤达本任务总学时的10% C. 缺勤达本任务总学时的20% D. 缺勤达本任务总学时的30%			
	团队合作意识	A. 与同学协作融洽、团队合作意识强 B. 与同学能沟通、协同试验能力较强 C. 与同学能沟通、协同试验能力一般 D. 与同学沟通困难、协同试验能力较差			
专业能力	学习活动 明确学习任务	A. 按时、完整地完成工作页,问题回答正确 B. 按时、完整地完成工作页,问题回答基本正确 C. 未能按时完成工作页,或内容遗漏、错误较多 D. 未完成工作页			
	学习活动 试验前的准备	A. 学习活动评价成绩为90~100分 B. 学习活动评价成绩为75~89分 C. 学习活动评价成绩为60~74分 D. 学习活动评价成绩为0~59分			
	学习活动 试验及试验报告完成	A. 学习活动评价成绩为90~100分 B. 学习活动评价成绩为75~89分 C. 学习活动评价成绩为60~74分 D. 学习活动评价成绩为0~59分			
创新能力		学习过程中提出具有创新性、可行性的建议	加分奖励		
班级			学号		
姓名			综合评价等级		
指导教师			日期		

学习项目二　建筑钢材主要技术性质检测

子项目1　明确学习任务

学习目标

1. 根据情境描述,认识钢筋混凝土所用原材料——建筑钢材。

2. 识读建筑钢材质量清单、合格证、质量检测报告等，掌握建筑钢材的验收与保管。

3. 能准确记录试验室工作现场的环境条件。

4. 熟悉掌握建筑钢材的取样及常规检测指标。

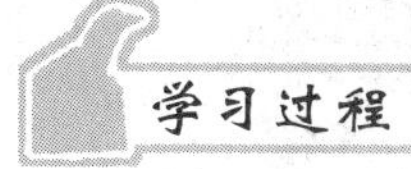

一、认识以下图形中的钢材(见图 3.18～图 3.24)

图 3.18　螺纹钢

图 3.19　工字钢

图 3.20　盘条钢丝

图 3.21　钢管

图 3.22　槽钢及角钢

图 3.23　钢模板

图 3.24　铆钉

想一想，还有哪些？把它们写下来：

____

二、观察建筑钢材合格证（见图 3.25～图 3.28）

写出图片中钢材执行标准______________________________

写出一个生产厂家的厂址、钢材品种及牌号、生产商标、生产许可证标志及编号、出厂编号、生产日期、净含量等，进行建筑钢材的验收。

____

____

____

____

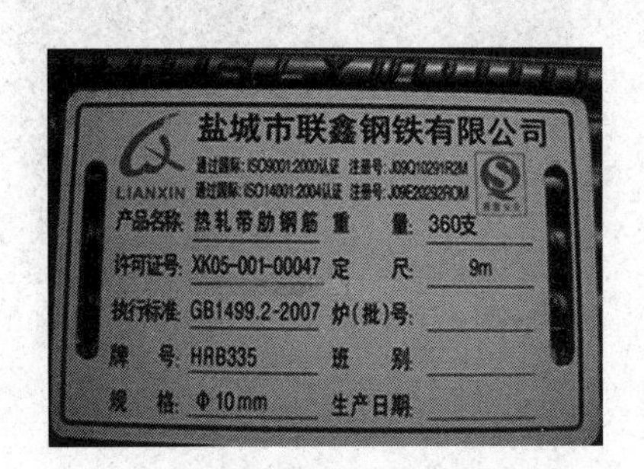

图 3.25　合格证一

图 3.26　合格证二

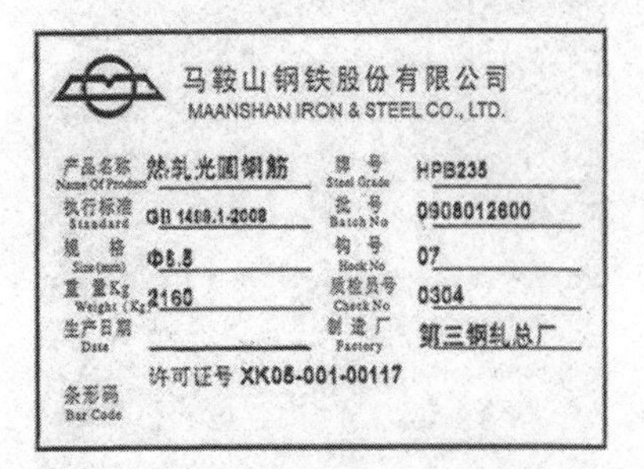

图 3.27　合格证三

图 3.28　合格证四

三、查阅相关资料并讨论学习建筑钢材知识

(一)建筑钢材在工程中被广泛应用,其有哪些优缺点?

优点:______________________________

____

缺点:______________________________

(二)建筑钢材的分类

1.按化学成分可分为:______________________________

2.按脱氧程度不同可分为:______________________________

3.按用途不同可分为:______________________________

4.按有害杂质含量分为:______________________________

(三)建筑钢材的主要技术性质

1.力学性能

(1)拉伸性能

拉伸性能是建筑钢材最常用、最重要的性能。以应用最广泛的低碳钢的拉伸试验为例,取低碳钢标准试件,其形状和尺寸如图 3.29 所示。其中 d_0 为试件直径,试验段标距长度 L_0 有两种选择:对于细长试件,取 $L_0=10d_0$;对于粗短试件,取 $L_0=5d_0$。

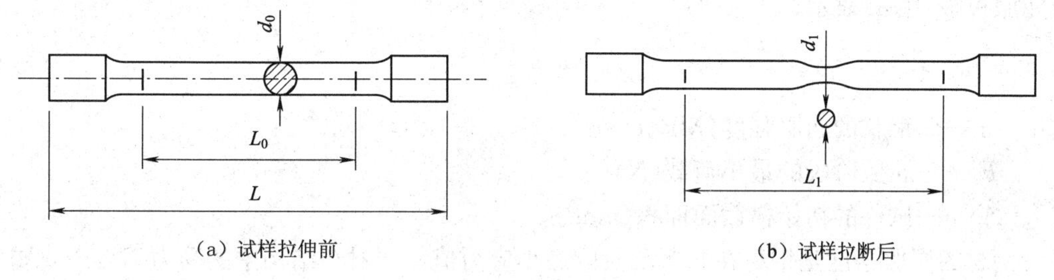

(a) 试样拉伸前　　(b) 试样拉断后

图 3.29　钢材拉伸试件

A. 拉伸过程

低碳钢受拉时,其应力—应变关系曲线可分为四个阶段,即弹性阶段、屈服阶段、强化阶段和颈缩阶段。低碳钢的拉伸图和σ-ε 曲线如图 3.30 所示。

①弹性阶段:OAB 段叫做弹性阶段,OA 是线形弹性变形,AB 为非线形弹性变形。由于比例极限与弹性极限非常接近,通常认为两者是相等的。

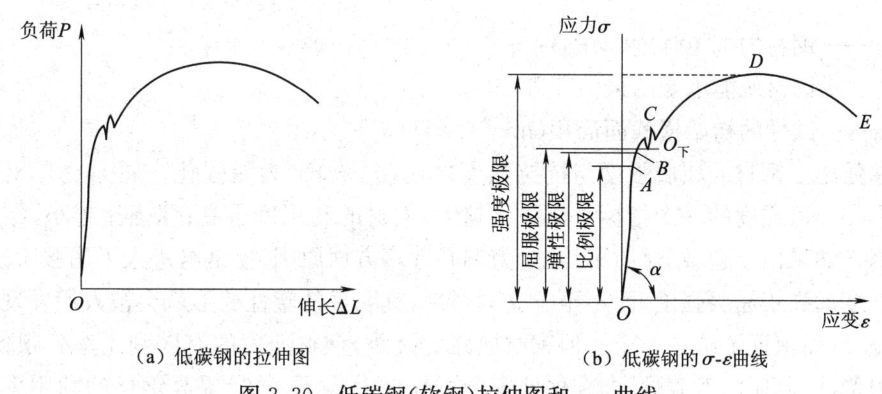

(a) 低碳钢的拉伸图　　(b) 低碳钢的σ-ε曲线

图 3.30　低碳钢(软钢)拉伸图和σ-ε 曲线

可见，钢材拉伸在弹性阶段内的变形是弹性的、微小的、与外力成正比的。在弹性阶段内，钢材的应力 σ 与应变 ε 的比值称为弹性模量 E，即：

$$E=\frac{\sigma}{\varepsilon}=\tan\alpha \tag{3.3}$$

弹性模量 E 值的大小反映了钢材抵抗变形能力的大小。E 值越大，使其产生同样弹性变形的应力值也越大。钢材的弹性模量值 $E=0.2\times10^6$ MPa。

②屈服阶段：BC 段叫做屈服阶段。钢材在屈服阶段虽未断裂，但已产生较大的塑性变形，使结构不能满足正常使用的要求而处于危险状态，甚至导致结构的破坏。所以，钢材的屈服强度是衡量结构的承载能力和确定钢材强度设计值的重要指标。

③强化阶段：CD 段叫做强化阶段。抗拉强度是钢材受力断裂的最大荷载。

④颈缩阶段：DE 段叫做颈缩阶段。图 3.31 为颈缩现象示意图。

图 3.31 颈缩现象示意图

B. 技术指标

①屈服强度。在屈服阶段内，荷载值是波动的，为保证结构的安全，取 BC 段的最低点 $C_{下}$ 处的应力值作为钢材的屈服强度，又称为屈服点或屈服极限，用 σ_s 表示。

$$\sigma_s=\frac{F_s}{A_0} \tag{3.4}$$

式中 σ_s——钢材的屈服强度(MPa)；

F_s——屈服阶段的最小荷载(N)；

A_0——试件的初始横截面面积(mm^2)。

钢材的屈服强度是钢材在屈服阶段的最小应力值。钢材在结构中的受力不得进入屈服阶段，否则将产生较大的塑性变形而使结构不能正常工作，并可能导致结构的破坏。因此，在结构设计中，以屈服强度作为钢材设计强度取值的依据，施工选材验收也以屈服强度作为重要的技术指标。

②抗拉强度。抗拉强度是钢材所能承受的最大应力值，又称强度极限，用 σ_b 表示。它反映了钢材在均匀变形状态下的最大抵抗能力。

$$\sigma_b=\frac{F_b}{A_0} \tag{3.5}$$

式中 σ_b——钢材的抗拉强度(MPa)；

F_b——钢材所能承受的最大荷载(N)；

A_0——试件的初始横截面面积(mm^2)。

③屈强比。钢材的屈服强度与抗拉强度之比(σ_s/σ_b)称为屈强比。屈强比是反映钢材利用率和安全可靠度的一个指标。屈强比越大，钢材的利用率越高；屈强比越小，结构的安全性越高。如果由于超载、材质不均、受力偏心等多方面原因，使钢材进入了屈服阶段，但因其抗拉强度远高于屈服强度，而不至于立刻断裂，其明显的塑性变形就会被人们发现并采取补救措施，从而保证了结构安全。但钢材屈强比过小，钢材强度的有效利用率就很低，造成钢材的浪费，因此应两者兼顾，即在保证安全可靠的前提下，尽量提高钢材的利用率。合理

的屈强比一般应为0.6～0.75。

④伸长率。反映钢材拉伸断裂时所能承受的塑性变形能力，是衡量钢材塑性大小的重要指标。伸长率可按式(3.6)计算：

$$\delta=\frac{l_1-l_0}{l_0}\times 100\% \tag{3.6}$$

式中　δ——钢材的伸长率(%)；

L_0——试件的原始标距长度，$L_0=5d$ 或 $L_0=10d$(mm)；

L_1——试件拉断后的标距长度(mm)；

d——试件的直径(mm)。

伸长率越大，说明钢材断裂时产生的塑性变形越大，钢材塑性越好。凡用于结构的钢材，必须满足规范规定的屈服强度、抗拉强度和伸长率指标的要求。

(2)冲击韧性

钢材抵抗冲击破坏的能力称为冲击韧性。

钢材冲击韧性的好与差，可用冲击功或冲击韧性值来表示。用标准试件作冲击试验(见图3.32)时，在冲断过程中，试件所吸收的功称为冲击功(可直接从试验机上读取)；而折断后试件单位截面积所吸收的功，称为钢材的冲击韧性值。冲击韧性值的大小可按下式计算：

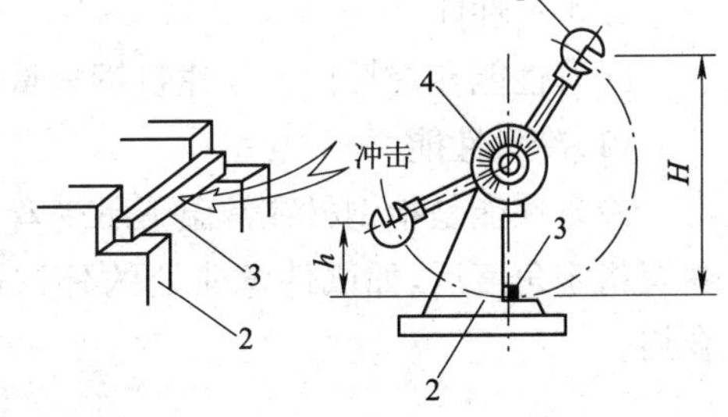

图3.32　钢材的冲击试验仪器

1—摆锤；2—试验台；3—试件；4—刻度盘和指针

$$\alpha_k=\frac{A_k}{A_0} \tag{3.7}$$

式中　α_k——冲击韧性值(J/cm²)；

A_k——试件冲断时所吸收的冲击力(J)；

A_0——标准试件缺口处的横截面面积(cm²)。

A_k或α_k值越大，钢材的冲击韧性就越好。对于承受冲击荷载作用的钢材，必须满足规范规定的冲击韧性指标要求。

温度对钢材的冲击韧性影响很大，钢材在负温条件下，冲击韧性会显著下降，钢材由塑性状态转化为脆性状态，这一现象称为冷脆。在使用上，对钢材冷脆性的评定，通常是在−20 ℃、−30 ℃、−40 ℃三个温度下分别测定其冲击功A_k或冲击韧性值a_k，由此来判断脆性转变温度的高低，钢材的脆性转变温度应低于其实际使用环境的最低温度。对于铁路桥梁用钢，则规定在−40 ℃下的冲击韧性值$a_k\geqslant 30$ J/cm²，以防止钢材在使用中突然发生脆性断裂。

(3)硬度

钢材的硬度是指钢材抵抗硬物压入表面的能力。测定钢材硬度的方法通常有布氏硬度、洛氏硬度和维氏硬度3种方法。

A.布氏硬度。用HB表示。

B.洛氏硬度。在洛氏硬度试验机上，用120°的金刚石圆锥压头或淬火钢球对钢材进行压陷，以一定压力作用下压痕深度表示的硬度称为洛氏硬度，用 HR 表示。根据压头类型和压力大小的不同，有 HRA、HRB、HRC 之分。

C. 维氏硬度。用 HV 表示。

以上 3 种硬度之间及其与钢材的抗拉强度之间均有一定的换算关系，可查阅有关资料。

(4)疲劳强度

钢材在交变荷载的反复作用下，往往在应力远小于其抗拉强度甚至小于屈服强度的情况下就突然发生断裂，这种现象称为钢材的疲劳破坏。

在确定材料的疲劳强度时，我国现行的设计规范是以应力循环次数 $N=2\times10^6$ 后钢材破坏时所能承受的最大应力作为确定疲劳强度的依据。

2. 工艺性能

冷弯性能和焊接性能是建筑钢材重要的工艺性能。

(1)冷弯性能

冷弯性能是指钢材在常温下承受弯曲变形而不断裂的能力。钢材试件绕着指定弯心弯曲至指定角度后，如试件弯曲处的外拱面和两侧面不出现断裂、起层现象，即认为其冷弯合格。

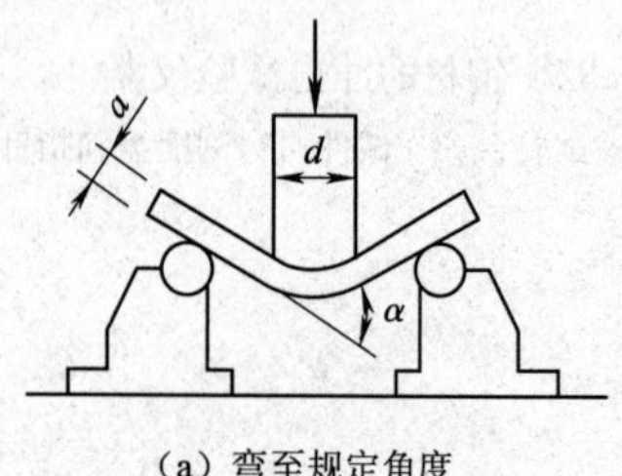

(a) 弯至规定角度

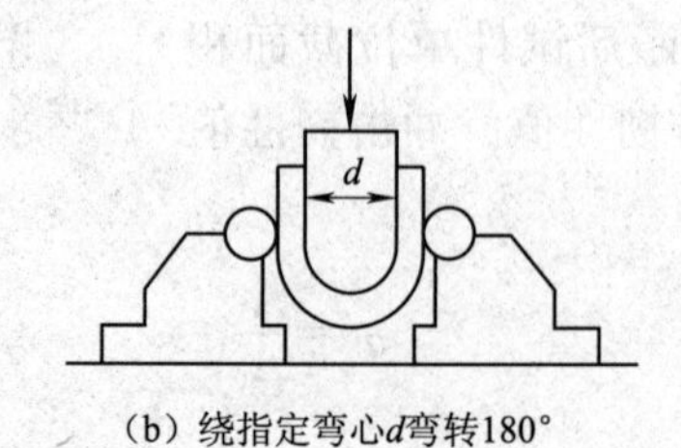

(b) 绕指定弯心d弯转180°

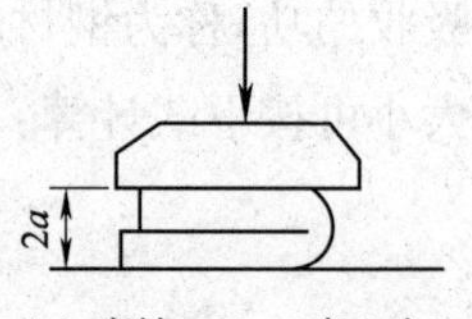

(c) 弯转180°，弯心为0

图 3.33　钢材的冷弯试验

通过冷弯试验(见图 3.33)可以检查钢材内部存在的缺陷，如钢材因冶炼、轧制过程所产生的气孔、杂质、裂纹、严重偏析等。所以，钢材的冷弯指标不仅是工艺性能的要求，也是衡量钢材质量的重要指标。

钢材的伸长率和冷弯都可以反映钢材的塑性大小，但伸长率是反映钢材在均匀变形下的塑性，而冷弯却反映钢材局部产生不均匀的塑性。因此，伸长率合格的钢材，其冷弯性能不一定合格。所以，凡是建筑结构用的钢材，还必须满足冷弯性能的要求。

(2)焊接性能

在建筑工程中，无论是钢结构，还是钢筋骨架、接头及预埋件的连接等，大多数是采用焊接方式连接的，这就要求钢材应具有良好的可焊性。

学习与思考

1. 钢材拉伸直到拉断要经历__________、__________、__________、__________四个阶段，每个阶段产生的技术指标分别有__________、__________、__________、

__________。屈服强度与抗拉强度之比，称为__________，考虑钢材的利用率和安全性，它的取值范围为__________。

2. 钢材的冲击韧性受哪些因素影响？

____

3. 钢材硬度的三种测定方法是__________、__________、__________，实际工程中最常采用的方法是____________。

4. 什么是钢材的疲劳破坏现象？

____

5. 钢材的工艺性能包括____________和____________两方面的性能。

四、掌握钢材的冷加工强化和冷加工时效

在常温下对钢材进行冷拉（冷拉曲线见图 3.35）、冷拔（见图 3.34）或冷轧，使其产生塑性变形的加工，称为冷加工。冷加工可以改善钢材的性能。常用的冷加工方法有冷拉、冷拔、冷轧、冷扭等。

冷拉是将钢筋用拉伸设备在常温下拉长，使之产生一定的塑性变形。通过冷拉，能使钢筋的强度提高 10%～20%，长度增加 6%～10%，并达到矫直、除锈、节约钢材的目的。

冷加工强化是指____

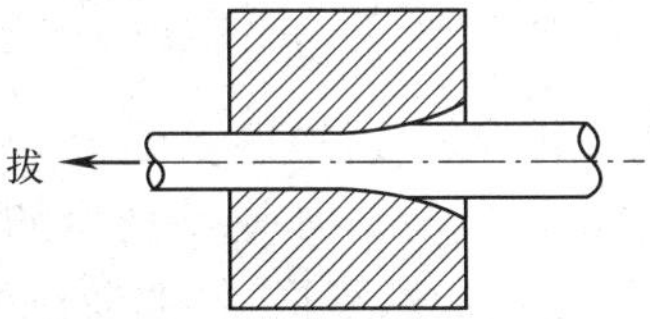

____。

图 3.34　冷拔模孔

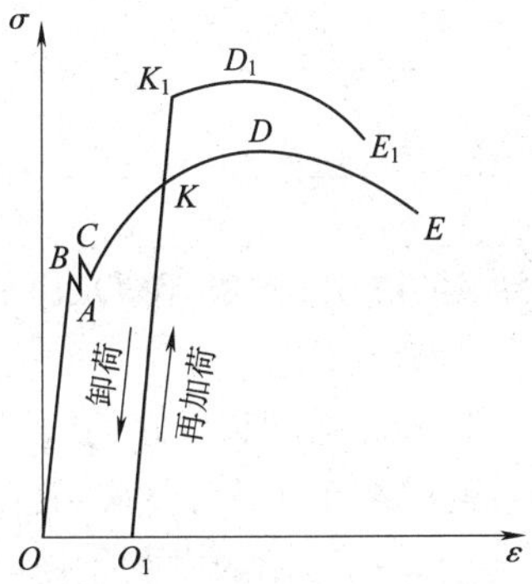

图 3.35　钢材冷拉的 σ-ε 曲线

冷加工时效是指____。

冷加工强化后的钢材在放置一段时间后所产生的时效称为____________时效。若将冷加工强化后的钢材加热到 100～200 ℃，保持 2 h，同样可以达到上述的效果，这称为__________时效。

五、识读建筑钢材的牌号

1. 碳素结构钢：碳素结构钢的牌号由代表屈服强度的字母 Q、屈服强度数值、质量等级符号和脱氧方法符号四个部分按顺序组成。按内部杂质硫、磷含量由多到少，划分为 A、B、C、D 4 个质量等级。

碳素结构钢按其力学性能和化学成分含量可分为 Q195、Q215、Q235、Q275 四个牌号。例如 Q235-B・F 表示屈服强度为________、质量等级为________、脱氧方法为________的碳素结构钢。

查阅标准填写下列碳素结构钢标准规定的力学性能(见表 3.13),根据填写数据发现有何规律。

表 3.13 碳素结构钢的力学性能(GB ______)

牌号	等级	拉伸试验						冲击试验(V形缺口)	
		屈服强度 σ_s(MPa,不小于)			抗拉强度 σ_b/MPa	伸长率 δ_s(%,不小于)		温度(℃)	冲击功(纵向)
		钢材厚度(直径,mm)				钢材厚度(直径,mm)			
		≤16	>16~40	>40~60		≤40	>40~60		
Q195									
Q215									
Q235									
Q275									

填写规律______

碳素结构钢的应用:Q195 和 Q215 钢的强度低,塑性、韧性好,易于冷加工,可制作冷拔低碳钢丝、钢钉、铆钉、螺栓。

Q235 具有较高的强度和良好的塑性、韧性、可焊性和冷加工性能,能较好地满足一般钢结构和钢筋混凝土结构的用钢要求,故在建筑工程中应用广泛。如钢结构用的各种型钢和钢板,钢筋混凝土结构所用的光圆钢筋,各种供水、供气、供油的管道,铁路轨道中用的垫板、道钉、轨距杆、防爬器等配件,大多数是由 Q235 制作而成的。其中,Q235 - C 和 Q235 - D 质量优良,适用于重要的焊接结构。

Q275 强度虽高,但塑性、韧性和可焊性较差,加工难度增大,可用于结构中的配件、制造螺栓、预应力锚具等。

2. 低合金高强度结构钢:低合金高强度结构钢的牌号由代表屈服点的字母 Q、屈服点数值和质量等级符号三个部分组成。低合金高强度结构钢按其屈服强度划分为 Q345、Q390、Q420、Q460、Q500、Q550、Q620 和 Q690 八个牌号,按内部杂质硫、磷含量由多到少,划分为 A、B、C、D、E 5 个质量等级。例如 Q345C 表示屈服强度为______、质量等级为______、脱氧方法为______的低合金高强度结构钢。

低合金高强度结构钢可用于高层建筑的钢结构、大跨度的屋架、网架、桥梁或其他承受较大冲击荷载作用的结构。强度较高的钢筋、桥梁用钢、钢轨用钢、弹簧用钢(如铁路轨道用的 ω 形弹条为 60SiMn 钢)等,都是采用不同的低合金结构钢轧制而成的。

3. 优质碳素结构钢:优质碳素结构钢的牌号用平均含碳量的万分数表示,分 31 个牌号。

含锰量较高时(0.8%～1.0%)，应在牌号的后面加注锰(Mn)字；如果是沸腾钢，则在数字后面加注“F”。如：45 号钢，表示平均含碳量为________的优质碳素结构钢；60Mn 钢，表示平均含碳量为________、含________量较高的优质碳素钢。

优质碳素结构钢在工程中适用于高强度、高硬度、受强烈冲击荷载作用的部位和作冷拔坯料等。如 45 号优质碳素钢，主要用于制作钢结构用的高强度螺栓、预应力锚具；55～65 号优质碳素钢，主要用于制作铁路施工用的道镐、道钉锤、道砟耙等；70～75 号优质碳素钢，主要用于制作各种型号的钢轨；75～85 号优质碳素钢，主要用于制作高强度钢丝、刻痕钢丝和钢绞线等。

4. 桥梁结构钢：根据国家标准《桥梁用结构钢》(GB/T 714—2000)的规定，桥梁结构钢的牌号由代表屈服点的字母 Q、屈服点数值、桥梁钢的汉语拼音字母、质量等级符号 4 部分组成。桥梁结构钢按钢材的屈服点分为 Q235q、Q345q、Q370q、Q420q 四个牌号；按照硫、磷杂质含量由多到少分为 C、D、E 3 个质量等级，其中 C 级硫、磷杂质含量与低合金高强度结构钢 C 级要求相当，D、E 级比低合金高强度结构钢相应等级要求更高。桥梁钢是专用钢，故在钢号后面加注一个“桥”字(代号为 q)，以示强调。如，Q345qC 代表屈服点为__________、质量等级为__________的桥梁钢。

5. 钢轨钢：钢轨的类型以每米的质量表示，我国铁路钢轨主要有 75 kg/m、60 kg/m、50 kg/m和 43 kg/m 等规格。标准轨定尺长度分别为 12.5 m、25 m、50 m 和 100 m 等。

六、区分钢筋和钢丝

直径__________的是钢筋，主要品种有热轧钢筋、冷拉钢筋、冷轧带肋钢筋、热处理钢筋等；直径小于________的是钢丝，主要品种有冷拔低碳钢丝、预应力混凝土用钢丝、钢绞线等。

根据钢筋的表面特征将热轧钢筋分为________钢筋和________钢筋。热轧带肋钢筋分为 HRB335、HRB400、HRB500 三个牌号。热轧光圆钢筋是用 Q235 碳素结构钢轧制而成的钢筋。其强度较低，塑性及焊接性能好，伸长率高，便于弯曲成型。其主要作为中、小型钢筋混凝土结构的受力钢筋和构造钢筋，也可用于钢、木结构的拉杆。热轧带肋钢筋中，HRB335、HRB400 是采用低合金镇静钢和半镇静钢轧制而成的，由于强度较高，塑性及焊接性能好，广泛用作大、中型钢筋混凝土结构的受力钢筋。HRB335、HRB400 经过冷拉后，还可用作预应力钢筋。HRB500 是采用中碳低合金镇静钢轧制而成的，钢筋表面轧有纵肋和横肋。其强度高，但塑性和可焊性较差，是建筑工程中的主要预应力钢筋。如需焊接时，应采取适当的焊接方法和焊后热处理工艺，以保证焊接质量，防止发生脆性断裂。HRB500 钢筋使用前也可以进行冷拉处理，提高屈服强度，节约钢材。

冷轧带肋钢筋分为 CRB550、CRB650、CRB800、CRB970、CRB1170 五个牌号。冷轧带肋钢筋既具有冷拉钢筋强度高的特点，同时又具有很强的握裹力，大大提高了构件的整体强度和抗震能力，可作为中、小型预应力混凝土结构构件和普通钢筋混凝土结构构件中的受力钢筋、构造钢筋等。

预应力混凝土用热处理钢筋是由热轧螺纹钢筋(中碳低合金钢)经淬火和回火调质处理而成的。按其螺纹外形，分为有纵肋和无纵肋两种。经调质处理后的钢筋特点是塑性降低不大，但强度提高很多，综合性能比较理想。主要用于预应力混凝土轨枕、预应力梁、板及吊车梁等构件。

预应力混凝土用钢丝是指优质碳素结构钢盘条，经酸洗、拔丝模或轧辊冷加工后再经消除应力等工艺制成的高强度钢丝，具有强度高、柔性好、松弛率低、抗腐蚀性强、质量稳定、安全可靠、无接头、施工方便等特点，主要用于大跨度屋架及薄腹梁、大跨度吊车梁、桥梁、轨枕、压力管道等预应力混凝土构件。

预应力混凝土用钢绞线一般由 2 根、3 根或 7 根直径为 2.5～6.0 mm 的高强度光圆或刻痕钢丝经绞捻、稳定化处理而制成。预应力混凝土用钢绞线具有强度高、塑性好，与混凝土黏结性能好，易于锚固等特点，主要用于大跨度、重荷载的预应力混凝土结构。

七、熟悉试验室温度和湿度（见图 3.36、图 3.37）

图 3.36　温湿度计一

图 3.37　温湿度计二

温度____________

湿度____________

八、查询资料写出钢筋的取样方法与取样数量

____

____

____

____

____

____

子项目 2　钢筋拉伸试验

2.1　钢筋拉伸试验前的准备

学习目标

1. 明确钢筋拉伸试验的试验目的。
2. 认识钢筋拉伸试验所使用的仪器设备。
3. 熟悉钢筋拉伸试验的检测标准，牢记试验步骤。
4. 能根据任务要求和试验步骤，合理制定工作计划。

学习过程

一、写出钢筋拉伸最新检测标准名称和代号

____

二、学习钢筋拉伸试验的有关知识

抗拉强度是钢筋的基本力学性质。为了测定钢筋的抗拉强度，将标准试样放在压力机上，逐渐加一个缓慢的拉力荷载，观察由于这个荷载的作用所产生的弹性和塑性变形，直至试样拉断为止，即可求得钢筋的屈服强度、抗拉强度、伸长率等指标。拉伸试验经历的四个阶段分别是______________、______________、______________和______________。

三、认识钢筋拉伸试验的主要仪器设备（见图 3.38～图 3.41）

图 3.38　万能材料试验机之一

图 3.39　万能材料试验机控制台

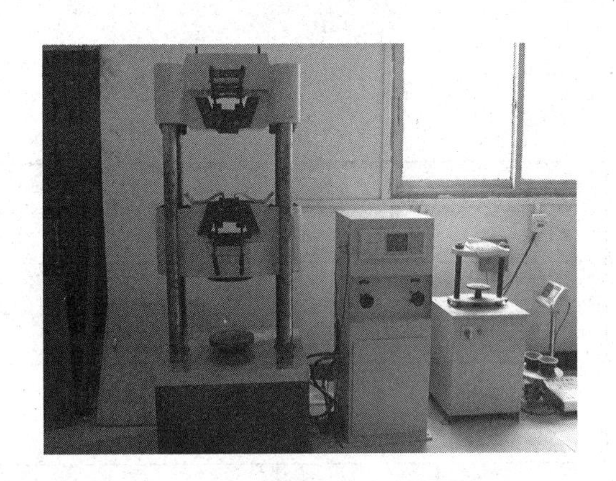

图 3.40　万能材料试验机之二

图 3.41　万能材料试验机之三

四、认识其他常用仪器及使用方法（见图 3.42、图 3.43）

图 3.42　钢筋打点仪

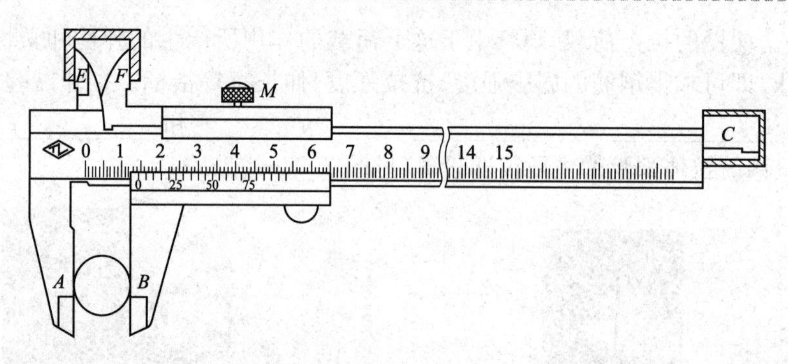

图 3.43 游标卡尺

五、制定小组试验工作计划

查阅相关试验标准，了解试验任务的基本步骤，根据任务要求，结合试验室仪器设备的实际情况，制定小组试验工作计划。

钢筋拉伸试验工作计划

1.人员分工

(1)小组负责人：________________。

(2)小组成员及分工。

姓　名	分　工

2.工具及材料清单

序　号	工具或材料名称	单　位	数　量	备　注

六、评价试验准备情况

以小组为单位，展示本组制定的试验工作计划，在教师点评的基础上对试验计划进行修改完善，并根据以下评分标准进行评分。

评价内容	分值	评　分		
		自我评价	小组评价	教师评价
计划制定是否有条理	10			
计划是否全面、完善	10			
人员分工是否合理	10			
任务要求是否明确	20			
工具清单是否正确、完整	20			
材料清单是否正确、完整	20			
团结协作	10			
合　计				

2.2　钢筋拉伸试验及试验报告完成

1. 能正确使用万能材料试验机，在控制器电脑上准确读取数据。
2. 能正确判断并处理试验操作过程中出现的异常问题。
3. 能将试验仪器设备正确归位并清理现场。
4. 能正确填写试验报告并判定试验结果。

一、准备好试验材料

①在每批钢筋中任取两根，在距钢筋端部 50 cm 处各取一根试样。

②在试验前，先将材料制成一定形状的标准试样，如图 3.44 所示。试样一般应不经切削加工。受拉力机吨位的限制，直径为 22～40 mm 的钢筋可进行切削加工，制成直径(标距部分直径 d_0)为 20 mm 的标准试样。试样长度：拉伸试样分为短试样和长试样，短试件为 $5d_0+200$ mm；或长试件为 $10d_0+200$ mm。直径 $d_0=10$ mm 的试样，其标距长度 $l_0=200$ mm(长试样，δ_{10})或 100 mm(短试样，δ_5)；标距部分到头部的过渡必须缓和，其圆弧尺寸 R 最小为 5 mm；$l=230$ mm(长试样)或 130 mm(短试样)；$h=50$～70 mm。

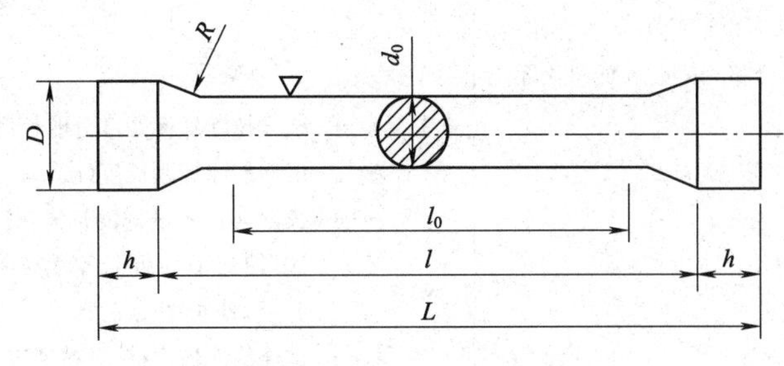

图 3.44　拉伸试验标准试件

二、检查试验仪器的完好性

(1)万能材料试验机。

(2)游标卡尺。

(3)钢筋标距打点仪。

三、试验步骤

步骤	操作步骤	技术要点提示	操作记录及心得体会
1	用钢筋打点仪在试验钢筋上打出5～10 mm为一间隔的点若干,取中间点连接作为原始标距	打点的目的是什么	
2	将试样安置在万能试验机的夹头中,试样应对夹头的中心,试样轴线应绝对垂直,试样标距部分不得夹入钳口中,试样被夹长部分不小于钳口的2/3	夹头大小与钢筋直径要匹配,钢筋轴线与夹头中心轴线垂直	
3	试样被夹紧后,在电脑菜单上设置钢筋直径等参数,回油阀关闭,送油阀打开,设备处于工作状态;然后进行拉伸试验,然后向试样连续均匀而无冲击地施加荷载,测定试样的屈服点、屈服强度、抗拉强度和伸长率。此时自动记录装置或电子引伸计绘出拉伸曲线。达到规定的要求停止试验,卸去试样,关闭送油阀,打开回油阀。读取数据后,关闭机器	注意观察钢筋在拉伸过程中的塑性变形;送油阀与回油阀的操作顺序	
4	清洁整理仪器设备	良好卫生习惯的养成	
5	计算试验结果: 钢筋做拉伸试验的两根试样中,如其中一根试样的屈服强度、抗拉强度、伸长率三个指标中,有一个指标不符合规定要求的,即为拉力试验不合格。应再取双倍数量的试样重新测定三个指标。在第二次拉伸试验中,如仍有一个指标不符合规定,不论这个指标在第一次试验中是否合格,拉力试验项目也作为不合格,该批钢筋即为不合格品	屈服点: $f_y=\frac{F_s}{A_0}$ 式中 F_s——相当于所求应力的负荷(N); A_0——试样的原横截面积(mm^2); f_y——屈服强度(MPa),计算精度1 MPa 抗拉强度: $f_u=\frac{F_b}{A_0}$ 式中 F_b——试样拉断前的最大负荷(N); A_0——试样的原横截面积(mm^2); f_u——试样的抗拉强度(MPa),计算精度1 MPa 伸长率: $\delta_n=\frac{l_1-l_0}{l_0}\times 100$ 式中 l_1——试样拉断后标距部分的长度(mm); l_0——试样的原标距长度(mm); n——长试样及短试样的标志,长试样$n=10$,伸长率为伸长率为δ_{10},短试样$n=5$,伸长率为δ_5; δ_n——试样的伸长率,计算精度应达0.5%	

四、记录试验数据

钢筋拉伸试验记录

项目名称						材料产地			
使用范围			代表数量			试验规程编号			
编号 钢筋牌号 （炉批号）	公称直径 （mm）	公称 截面面积 （mm^2）	强度试验				塑性试验		
			屈服荷载 （kN）	屈服强度 （MPa）	极限荷载 （kN）	极限强度 （MPa）	原始标距 （mm）	断后标距 （mm）	伸长率 （%）
检验结论								试验单位	

试验者________　　组别________　　成绩________　　试验日期________

五、评价试验过程

以小组为单位，展示本组试验结果。根据以下评分标准进行评分。

评价内容		分值	评分		
			自我评价	小组评价	教师评价
材料准备	钢筋的型号规格	20			
	钢筋的长度				
	钢筋的根数				
	钢筋原始标距的量取				
仪器检查准备	试验前准备正确、完整	20			
	钢筋打点仪检查				
	万能材料机夹板检查				
	万能材料机液压检查				
试验操作	钢筋轴线与夹头中心轴线垂直	25			
	电脑菜单设置正确				
	电脑应力应变曲线显示正确				
	送油阀与回油阀操作正确				
	钢筋拉断后标距量取正确				
试验结果	数据的取值	25			
	计算公式				
	结果评定				
	是否有涂改				
	试验报告完整				
安全文明操作	遵守安全文明试验规程	10			
	试验完成后认真清理仪器设备及现场				
扣分及原因分析					
合　计					

子项目3　钢材硬度试验

3.1　钢材硬度试验前的准备

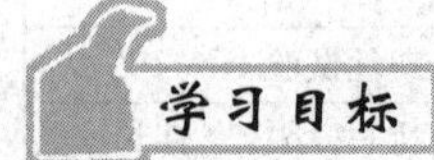

1. 明确钢材硬度试验的试验目的。
2. 认识钢材硬度试验使用的仪器设备。
3. 熟悉钢材硬度试验的检测标准,牢记试验步骤。
4. 能根据任务要求和试验步骤,合理制定工作计划。

一、写出钢材硬度最新检测标准名称和代号

____

____

二、学习钢材硬度检测的有关知识

钢材的硬度是钢材抵抗硬物压入其表面的能力。因为硬度试验操作简便,同时硬度与其他力学性能之间存在着一定的关系,根据硬度值可以判定钢材的其他力学性能,所以它是广泛被采用间接来检验钢材力学性能的一种试验方法。

钢材硬度的测定方法有__________、__________、__________三种,工程中常用的方法是__________。

三、认识钢材硬度试验的主要仪器设备(见图 3.45、图 3.46)

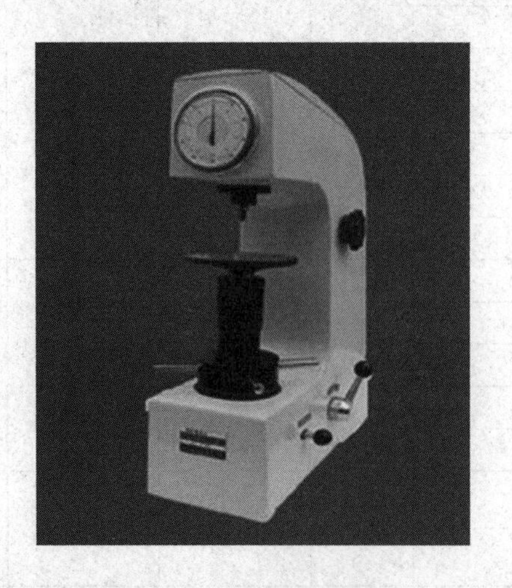

图 3.45　洛氏硬度计侧面

图 3.46　洛氏硬度计正面

四、认识其他常用试验仪器及使用方法(见图 3.47、图 3.48)

图 3.47　洛氏硬度块

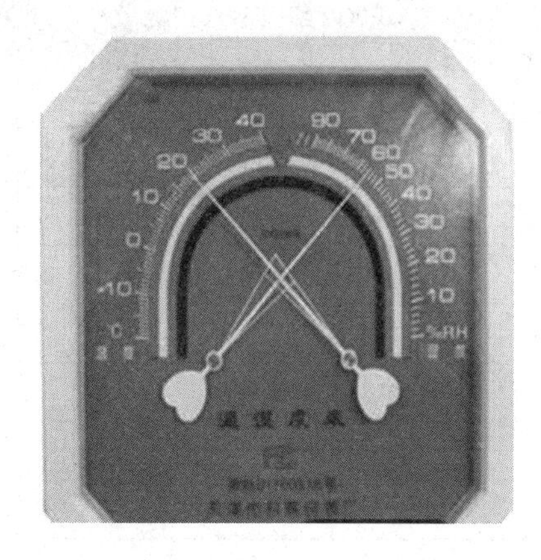

图 3.48　温湿度计

五、制定小组试验工作计划

查阅相关试验标准,了解试验任务的基本步骤,根据任务要求,结合试验室仪器设备的实际情况,制定小组试验工作计划。

钢材硬度试验工作计划

1.人员分工

(1)小组负责人:____________________。

(2)小组成员及分工。

姓　名	分　工

2.工具及材料清单

序　号	工具或材料名称	单　位	数　量	备　注

六、评价试验准备情况

以小组为单位,展示本组制定的试验工作计划,在教师点评的基础上对试验计划进行修改完善,并根据以下评分标准进行评分。

评价内容	分值	评　分		
		自我评价	小组评价	教师评价
计划制定是否有条理	10			
计划是否全面、完善	10			
人员分工是否合理	10			
任务要求是否明确	20			
工具清单是否正确、完整	20			
材料清单是否正确、完整	20			
团结协作	10			
合　计				

3.2　钢材硬度试验及试验报告完成

1. 能正确使用洛氏硬度计，并准确读取设备上洛氏硬度值。
2. 能正确判断并处理试验操作过程中出现的异常问题。
3. 能将试验仪器设备正确归位并清理现场。
4. 能正确填写试验报告并判定试验结果。

一、准备好试验材料

①试件的试验面必须精细制备使其平坦，不带有油脂、氧化皮、裂缝、显著加工痕迹、凹坑及外来污物等。试件表面加工时避免因受热或冷加工改变金属的性能。

②对于弯曲面的试件，其曲率半径不得小于 15 mm。如半径为 5～15 mm，则测得的硬度值必须加以修正。

③试件表面层最小厚度不小于卸除主负荷后压头压入深度的 8 倍。

根据试件的硬度，选用试验条件，如表 3.14 所示。

表 3.14　试件硬度与试验条件

洛氏硬度标尺	采用压头	初始试验力 F_0(N)	主试验力 F_1(N)	总试验力 F(N)	洛氏硬度范围
HRA	金钢石圆锥	98.07	490.3	588.4	20～88
HRB	1.588 钢球	98.07	882.6	980.7	20～100
HRC	金钢石圆锥	98.07	1 373	1 470	20～70

二、检查试验仪器的完好性

洛氏硬度试验机、温度计。

三、试验步骤(洛氏硬度法)

步骤	操作步骤	技术要点提示	操作记录及心得体会
1	试验在10～30 ℃温度下进行		
2	试件的试验面、支撑面、试验台表面和压头表面应清洁	试件应稳固地放置在试验台上,以保证在试验过程中不产生位移及变形	
3	在试验时,必须保证试验力方向与试件的试验面垂直。 在试验过程中,试验装置不应受到冲击和振动	在任何情况下,不允许压头与试验台及支座触碰;试件支撑面、支座和试验台工作面上均不得有压痕	
4	在施加初始试验力时,指针或指示线不得超过硬度计规定范围,否则应卸除初始试验力,在试件另一位置试验	略	
5	调整示值指示器至零点后,应在2～8 s内施加全部主试验力。应均匀平稳地施加试验力,不得有冲击及振动。 在施加主试验力后,总试验力的保持时间应以示值指示器指示基本不变为准	①对于施加主试验力后不随时间继续变形的试件,保持时间为1～3 s; ②对于施加主试验力后随时间缓慢变形的试件,保持时间为6～8 s; ③对于施加主试验力后随时间明显变形的试件,保持时间为20～25 s	
6	达到要求的保持时间后,在2 s内平稳地卸除主试验力,保持初始试验力,从相应的标尺刻度上读出硬度值	注意对应标尺读数,不要误读	
7	试验结果取值: 两相邻压痕中心间距离至少应为压痕直径的4倍,但不得小于2 mm。任一压痕中心距试样边缘距离至少应为压痕直径的2.5倍,但不得小于1 mm	在每个试件上的试验点数应不少于四点(第一点不记)。对大批量试件的检验,点数可适当减少	
8	清洁整理仪器设备	良好卫生习惯的养成	

四、记录试验数据

钢材硬度试验记录

检验依据					标准值(HRA)				
试样编号	试验值(HRA)			平均值(HRA)	试样编号	试验值(HRA)			平均值(HRA)
	1	2	3			1	2	3	
1					5				
2					6				
3					7				
4					8				
结论					备注				

试验者________　　组别________　　成绩________　　试验日期________

五、评价试验过程

以小组为单位，展示本组试验结果。根据以下评分标准进行评分。

评价内容		分值	评　分		
			自我评价	小组评价	教师评价
材料准备	试件平整	20			
	试件整洁				
	试件无裂缝				
	试件无因加工而改变性能				
仪器检查准备	硬度计标准试块及压头的准备	20			
	试件的支撑面、试验台表面和压头表面应清洁				
	洛氏硬度计摆放是否平稳				
	试件支撑面、支座和试验台工作面上均不得有压痕				
试验操作	施加初始试验力时，指针或指示线不得超过硬度计规定范围	25			
	在 2～8 s 内施加全部主试验力有无冲击及振动				
	卸除主试验力，保持初始试验力，是否从相应的标尺刻度上读出硬度值				
	两相邻压痕中心间距离至少应为压痕直径的 4 倍，但不得小于 2 mm				
	在每个试件上的试验点数应不少于四个(第一点不记)				
试验结果	数据的取值	25			
	计算公式				
	结果评定				
	是否有涂改				
	试验报告完整				
安全文明操作	遵守安全文明试验规程	10			
	试验完成后认真清理仪器设备及现场				
扣分及原因分析					
合　计					

子项目 4　建筑钢材检测项目的总结与评价

学习目标

1. 能以小组形式，对学习过程和实训成果进行汇报总结。
2. 完成对学习过程的综合评价。

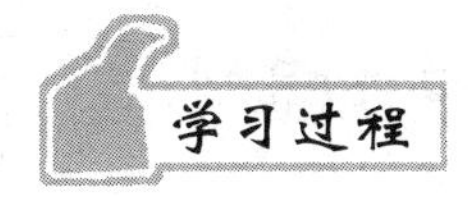

一、工作总结

以小组为单位，选择演示文稿、展板、海报、录像等形式中的一种或几种，向全班展示，汇报学习成果。

二、综合评价

评价项目	评价内容	评价标准	评价方式		
			自我评价	小组评价	教师评价
职业素养	安全意识、责任意识	A. 作风严谨、自觉遵章守纪、出色完成试验任务 B. 能够遵守规章制度、较好地完成试验任务 C. 遵守规章制度、没完成试验任务或完成试验任务、但忽视规章制度 D. 不遵守规章制度、没完成试验任务			
	学习态度主动	A. 积极参与教学活动，全勤 B. 缺勤达本任务总学时的10% C. 缺勤达本任务总学时的20% D. 缺勤达本任务总学时的30%			
	团队合作意识	A. 与同学协作融洽、团队合作意识强 B. 与同学能沟通、协同试验能力较强 C. 与同学能沟通、协同试验能力一般 D. 与同学沟通困难、协同试验能力较差			
专业能力	学习活动 明确学习任务	A. 按时、完整地完成工作页，问题回答正确 B. 按时、完整地完成工作页，问题回答基本正确 C. 未能按时完成工作页，或内容遗漏、错误较多 D. 未完成工作页			
	学习活动 试验前的准备	A. 学习活动评价成绩为90～100分 B. 学习活动评价成绩为75～89分 C. 学习活动评价成绩为60～74分 D. 学习活动评价成绩为0～59分			
	学习活动试验及试验报告完成	A. 学习活动评价成绩为90～100分 B. 学习活动评价成绩为75～89分 C. 学习活动评价成绩为60～74分 D. 学习活动评价成绩为0～59分			
创新能力		学习过程中提出具有创新性、可行性的建议	加分奖励：		
班级			学号		
姓名			综合评价等级		
指导教师			日期		

学习项目三　水泥混凝土配合比设计及主要技术性能检测

子项目1　明确学习任务

学习目标

1. 根据情境描述，认识钢筋混凝土所涉及材料——普通混凝土的定义和外观。
2. 了解混凝土的优缺点和分类。
3. 掌握混凝土的主要技术性质、技术标准要求及其应用等。
4. 掌握普通混凝土配合比设计
5. 能准确记录试验室工作现场的环境条件。
6. 熟悉掌握普通混凝土常规检测。

学习过程

一、了解混凝土

1. 混凝土的定义

____

____

2. 混凝土优点：____

____。

缺点：____

____。

3. 混凝土的基本组成材料

(1)__________；(2)__________；(3)__________；(4)__________。

4. 举例生活中常见的混凝土

____

5. 观察普通混凝土的颜色及形态(见图3.49、图3.50)

颜色：__________

图3.49　混凝土拌和物

形态：__________

图3.50　硬化后混凝土

二、想一想情境描述中的钢筋混凝土的形成过程(见图 3.51)

图 3.51　混凝土施工

三、了解混凝土的生产(见图 3.52、图 3.53)

图 3.52　混凝土搅拌站

图 3.53　混凝土的生产

四、掌握普通混凝土的主要技术性能

(一)混凝土拌和物的和易性(见图 3.54)

1.和易性的概念

(1)流动性是指______

______

评价指标:坍落度(见图 3.55)(塑性混凝土);维勃稠度(见图 3.56)(干硬性混凝土)

(2)黏聚性是指______

______

(3)保水性是指______

______

(4)和易性的测定方法(见图 3.57)

______

图 3.54 混凝土拌和物和易性的测定

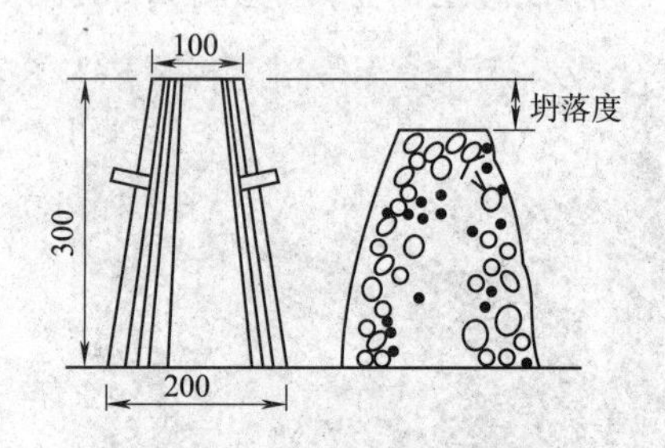

图 3.55 坍落度试验(单位:mm)

图 3.56 维勃稠度仪

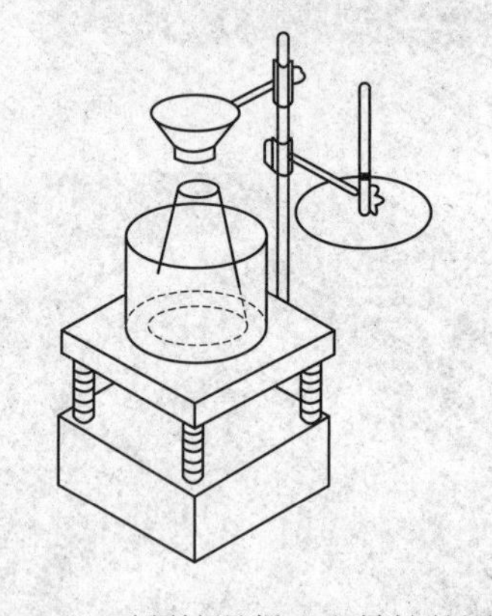

图 3.57 干硬性混凝土和易性的测定

2.影响和易性的主要因素

(1)水泥浆的数量

在混凝土拌和物中,集料本身是干涩而无流动性的,拌和物的流动性来自水泥浆。水泥浆填充集料颗粒之间的空隙,并包裹集料,在集料颗粒表面形成浆层。这种浆层的厚度越大,集料颗粒产生相对移动的阻力就越小,所以混凝土中水泥浆的含量越多,拌和物的流动性越大。但如果水泥浆过多,集料则相对减少,将出现流浆现象,使拌和物的黏聚性变差,不仅浪费水泥,而且会使拌和物的强度和耐久性降低,因此水泥浆的数量应以满足流动性为宜。

(2)水泥浆的稠度

水泥浆的稠度取决于水灰比。水灰比是指在混凝土拌和物中水的质量与水泥质量之比(W/C)。在水泥、集料用量不变的情况下,水灰比增大,水泥浆较稀,混凝土拌和物的流动性增强,但黏聚性和保水性降低;若水灰比减小,则会使拌和物流动性降低,影响施工。因此,水灰比不能过大或过小,应根据混凝土强度和耐久性要求合理地选用。

(3)单位用水量

试验证明,无论是水泥浆数量的影响还是水灰比大小的影响,实际上都是用水量的影响。因此,影响混凝土拌和物和易性的决定性因素是单位用水量(每 1 m^3混凝土中的用水量)。在集料用量一定的情况下,如果单位用水量一定,单位水泥用量增减不超过 50～100 kg,坍落度大体上保持不变,这一规律通常称为固定用水量法则。这一法则给混凝土配合比设计带来了方便,即通过固定单位用水量,变化水灰比,可配制出强度不同而坍落度相近的混凝土。

(4)砂率

砂率是指混凝土拌和物中砂的质量占砂石总质量的百分率。试验证明:砂率对混凝土拌和物的和易性影响很大,一方面,砂形成的砂浆在粗集料间起润滑作用,且在一定砂率范围内随着砂率的增大,润滑作用越明显,流动性将提高;另一方面,在砂率增大的同时,集料的总表面积随之增大,需要润滑的水分增多,在用水量一定的条件下,拌和物流动性降低,所以当砂率超过一定范围后,流动性反而随砂率的增大而降低;另外,如果砂率过小,砂浆数量不足,会使混凝土拌和物的黏聚性和保水性降低,产生离析和流浆现象。所以,砂率不能过大,也不能过小,最佳的砂率应该是使砂浆的数量能填满石子的空隙并稍有多余,以便将石子拨开,这样在水泥浆一定的情况下,混凝土拌和物能获得最大的流动性,这样的砂率为合理砂率。

(5)水泥品种及细度

不同品种的水泥需水量不同,所拌混凝土拌和物的流动性也不同。使用硅酸盐水泥和普通水泥拌制的混凝土,流动性较大,保水性较好;使用矿渣水泥及火山灰质水泥拌制的混凝土,流动性较小,保水性较差;使用粉煤灰水泥拌制的混凝土比普通水泥流动性更好,且保水性及黏聚性也很好。此外,水泥的细度对拌和物的和易性也有影响,水泥细度越大,则流动性越小,黏聚性和保水性越好。

(6)集料的级配、粒形及粒径

使用级配良好的集料,由于填补集料空隙所需的水泥浆数量较少,包裹集料表面的水泥浆较厚,所以流动性较大,黏聚性与保水性较好;表面光滑的集料如河砂、卵石等,由于流动阻力小,因此流动性较大;集料的粒径增大,则总表面积减小,流动性增大。

(7)外加剂

在拌制混凝土时,加入少量的外加剂,如减水剂、引气剂等,能改善混凝土拌和物的和易性,提高混凝土的耐久性。

(8)施工方法、温度和时间

用机械搅拌和捣实时,水泥浆在振动中变稀,可使混凝土拌和物流动性增强;同时搅拌时间的长短也会影响混凝土拌和物的和易性。

温度升高时,由于水泥水化加快,且水分蒸发较多,将使混凝土拌和物的流动性降低。搅拌后的混凝土拌和物,随着时间的延长将逐渐变得干稠,坍落度降低,流动性下降。

3. 改善混凝土拌和物和易性的措施

(二)硬化后混凝土的强度

混凝土经过一段时间后，便开始硬化，并具备一定的强度；混凝土强度是工程施工中控制和评定混凝土质量的主要指标。按照国家标准《普通混凝土力学性能试验方法标准》的规定，混凝土的强度有立方体抗压强度、棱柱体抗压强度、劈裂抗拉强度、抗折强度等。同学们，重点掌握混凝土立方体抗压强度。

1. 混凝土立方体抗压强度与强度等级

按照标准方法将混凝土制成边长为 150 mm 的立方体试件（每组 3 个），在标准条件[温度为(20±2) ℃，相对湿度 95%以上]下养护 28 d，测得的抗压强度值称为混凝土立方体（见图 3.58、图 3.59）抗压强度，简称为混凝土的抗压强度，用 f_{cu}表示，单位为 MPa。

混凝土立方体抗压强度标准值是指按标准方法制作和养护的边长为 150 mm 的立方体试件，在 28 d 龄期，用标准试验方法测得的强度总体分布中具有不低于 95%保证率的立方体抗压强度值，用 $f_{cu,k}$表示，单位为 MPa。

图 3.58　混凝土装模

图 3.59　混凝土试块

混凝土强度等级应按立方体抗压强度标准值（MPa）确定。混凝土强度等级由符号 C 和混凝土强度标准值表示，强度分为 C10、C15、C20、C25、C30、C35、C40、C45、C50、C55、C60、C65、C70、C75、C80、C85、C90、C95 和 C100 十九个等级。例如 C30 表示混凝土立方体抗压强度标准值 $f_{cu,k}$=30 MPa。

不同工程或用于不同部位的混凝土，其强度等级要求也不相同，一般是：

C15 的混凝土，用于垫层、基础、地坪及受力不大的结构；

C20～C25 的混凝土，用于普通钢筋混凝土结构的梁、板、柱、楼梯、屋架、墩台、涵洞、挡土墙等；

C25～C30 的混凝土，用于一般的预应力混凝土结构、隧道的边墙和拱圈等；

C30～C40 的混凝土，用于屋架等较大跨度的预应力混凝土结构或轨枕、电杆、公路路面等；

C40～C50 的混凝土用于预应力钢筋混凝土构件、吊车梁、特种结构及 25～30 层的建筑等；

C55～C100 的混凝土，为高强度、高性能混凝土，主要用于 30 层以上的高层建筑、大跨度结构。

2.影响混凝土强度的因素

(1)水泥强度等级和水胶比：水泥强度等级及水胶比是影响混凝土强度最主要的因素。水泥是混凝土中的活性组分，在混凝土配合比相同的条件下，水泥强度等级越高，则配制的混凝土强度越高。当采用同一品种、同一强度等级的胶凝材料时，混凝土强度主要取决于水胶比。因为水泥水化时所需的结合水，一般只占水泥质量的 23%左右，但混凝土拌和物为了获得必要的流动性，常需要较多的水(约占水泥质量的 40%～70%)，即采用较大的水胶比。当混凝土硬化后，多余的水分就残留在混凝土中形成水泡或蒸发后形成气孔，大大减少了混凝土抵抗荷载的有效截面，在孔隙周围产生应力集中现象。因此，在水泥强度等级相同的情况下，水胶比越小，水泥石的强度越高，与集料黏结力越大，混凝土的强度越高。但是，如果水胶比太小，拌和物过于干稠，很难保证浇筑、振实的质量，混凝土拌和物将出现较多的孔洞，导致混凝土的强度下降

$$f_{cu,0}=\alpha_a f_b\left(\frac{B}{W}-\alpha_b\right) \tag{3.8}$$

式中　$f_{cu,0}$——混凝土 28 d 抗压强度值(MPa)；

f_b——胶凝材料 28 d 胶砂抗压强度实测值(MPa)；

$\frac{B}{W}$——胶水比；

α_a，α_b——回归系数，其值与集料品种、水泥品种有关，α_a，α_b 可按下列经验系数采用：对于碎石混凝土，$\alpha_a=0.53$，$\alpha_b=0.20$；对于卵石混凝土，$\alpha_a=0.49$，$\alpha_b=0.13$。

当胶凝材料 28 d 抗压强度实测值 f_b 无法得到时，可采用下列式(3.9)计算：

$$f_b=\lambda_f\lambda_s f_{ce} \tag{3.9}$$

式中　f_b——胶凝材料 28 d 抗压强度实测值(MPa)；

f_{ce}——水泥 28 d 胶砂抗压强度实测值(MPa)；

λ_f，λ_s——粉煤灰影响系数和粒化高炉矿渣粉影响系数。

(2)集料：一般集料本身的强度都比水泥石的强度高，因此集料的强度对混凝土的强度几乎没有影响。但是，如果含有大量软弱颗粒、针状与片状颗粒、风化的岩石，则会降低混凝土的强度。另外，集料的表面特征也会影响混凝土强度。表面粗糙、多棱角的碎石与水泥石的黏结力要比表面光滑的卵石与水泥石的黏结力高。所以，在水泥强度等级和水胶比相同的情况下，碎石混凝土强度高于卵石混凝土强度。

(3)养护龄期：在正常养护条件下，混凝土强度随着硬化龄期的增长而逐渐提高，最初的 3～7 d 发展较快，28 d 即可达到设计强度规定的数值，之后强度的增长速度逐渐缓慢，甚至可持续百年不衰。

(4)养护条件：新拌混凝土浇筑完毕后，必须保持适当的温度和足够的湿度，才能为水泥的充分水化提供必要的有利条件，以保证混凝土强度的不断增长。

(5)施工质量：在浇注混凝土时应充分捣实，只有充分捣实才能得到密实坚固的混凝土。捣实质量直接影响混凝土的强度，捣实方法有人工振捣与机械振捣两种。对于相同条件下的混凝土，采取机械振捣比人工振捣的施工质量好。

3.提高混凝土强度的措施

____

____

____

____

(三)混凝土的变形

(1)非荷载作用下的变形:温度变形、干湿变形和化学变形等。

(2)荷载作用下的变形:短期荷载下的变形和徐变。

什么是徐变?________________________________

(四)混凝土的耐久性

暴露在自然环境中的混凝土结构物,经常受到各种物理和化学因素的破坏作用,如温度湿度变化、冻融循环、压力水或其他液体的渗透、环境水和土壤中有害介质以及有害气体的侵蚀等。混凝土在使用过程中抵抗由外部或内部原因而造成破坏的能力称为混凝土的耐久性。

(1)抗渗性(见图3.60、图3.61):混凝土抵抗压力水渗透的能力称为抗渗性。

图3.60 混凝土抗渗性测定仪

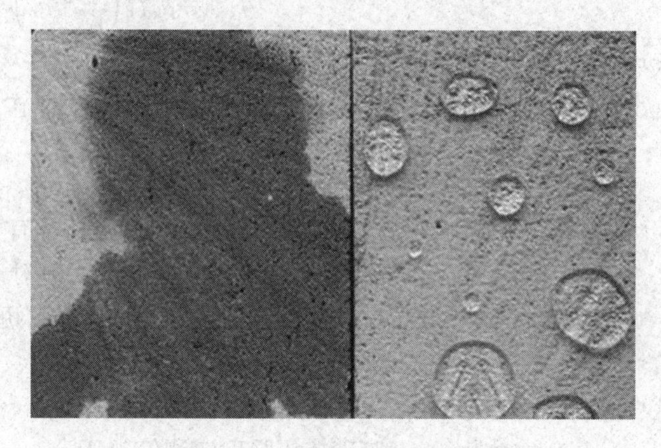

图3.61 混凝土抗渗性演示

想一想:影响混凝土抗渗性的主要因素有哪些?

____

(2)抗冻性(见图3.62、图3.63):混凝土的抗冻性是指混凝土在吸水达饱和状态下经受多次冻融循环作用而不破坏,同时强度也不显著降低的性能。

图3.62 混凝土抗冻性不良

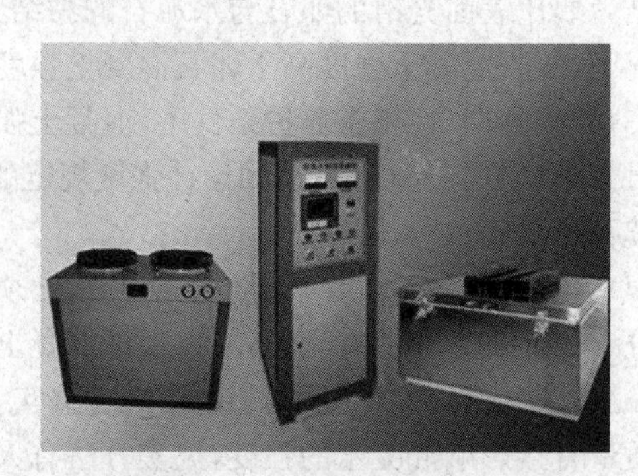

图3.63 混凝土抗冻性试验

想一想：影响混凝土抗冻性的主要因素有哪些？

(3)抗蚀性：当混凝土所处的使用环境中有侵蚀性介质时，混凝土很可能遭受侵蚀，通常有硫酸盐侵蚀、镁盐侵蚀、一般酸侵蚀和强碱腐蚀等(见图 3.64、图 3.65)。

图 3.64　混凝土施工

图 3.65　混凝土侵蚀

工程案例：某钢筋混凝土基础使用 5 年后出现大量裂纹。经检查混凝土环境水，其 pH=5.5；SO_4^{2-} 含量为 6 000 mg/L；Cl^- 含量为 400 mg/L。该混凝土采用普通硅酸盐水泥。请分析此钢筋混凝土开裂的原因。

(4)抗碳化：混凝土的碳化是指空气中的二氧化碳渗透到混凝土中，与混凝土内水泥石中的氢氧化钙发生化学反应，生成碳酸钙和水，使混凝土碱度降低的过程。碳化发生在潮湿的环境中，而水下和干燥环境中一般不发生。

想一想：影响混凝土抗碳化的主要因素有哪些？

(5)碱—集料反应：碱—集料反应是指集料中的活性二氧化硅与混凝土内水泥中的碱(Na_2O 及 K_2O)发生化学反应，生成碱—硅酸凝胶，其吸水后会产生体积膨胀，从而导致混凝土受到膨胀压力而开裂的现象。

发生碱—集料反应必须具备 3 个条件：①水泥中含有较高的碱量；②集料中存在活性二氧化硅且超过一定数量；③有水存在。

想一想：如何控制混凝土碱—集料反应的发生？

(6)提高混凝土耐久性的措施：

①根据工程所处环境及要求，选用适当品种的水泥。

②严格控制水胶比并保证足够的水泥用量。

③选用质量较好的砂石，并采用级配较好的集料，提高混凝土的密实度。

④掺入减水剂和引气剂。

⑤在混凝土施工中，应搅拌透彻、浇注均匀、振捣密实、加强养护，以提高混凝土质量。

五、混凝土外加剂

(一)化学外加剂

在混凝土拌制过程中掺入的用以改善混凝土性能，且掺量不超过水泥质量5%(特殊情况除外)的物质，称为化学外加剂(又称混凝土外加剂)。各种混凝土工程对外加剂的选用见表3.15。

表3.15 各种混凝土工程对外加剂的选用

工程项目	选用目的	选用剂型
自然养护的混凝土工程	①改善工作性能，提高构件质量 ②提高早期强度 ③节约水泥	①普通减水剂 ②早强减水剂 ③高效减水剂 ④引气减水剂
夏季施工	延长混凝土的凝结硬化时间	①缓凝剂 ②缓凝减水剂
冬季施工	①加快施工进度 ②防寒抗冻	①早强剂 ②早强减水剂 ③防冻剂
商品混凝土	①节约水泥 ②保证混凝土运输后的和易性	①普通减水剂 ②夏季及长距离运输时，采用缓凝减水剂
高强混凝土	①减少单位体积混凝土用水量，提高混凝土的强度 ②减少单位体积混凝土的水泥用量、混凝土的徐变和收缩	高效减水剂(如13-萘磺酸甲醛缩合物、三聚氰胺甲醛树脂磺酸盐等)
早强混凝土	①提高混凝土早期强度，在标准养护条件下3 d强度达28 d的70%，7 d强度达混凝土的设计强度等级 ②加快施工速度，加速模板及台座的周转，提高构件及制品产量 ③取消或缩短蒸气养护时间	①气温25 ℃以上的夏、秋季节采用非引气型(或低引气型)高效减水剂 ②气温为−3～20 ℃的春、冬季节，采用早强减水剂或减水剂与早强剂(如硫酸钠)同时使用
大体积混凝土	①降低水泥初期水化热 ②延缓混凝土凝结硬化 ③减少水泥用量 ④避免干缩裂缝	①缓凝剂 ②缓凝减水剂 ③引气剂 ④膨胀剂(大型设备基础)
流态混凝土	①提高混凝土拌和物流动性 ③使混凝土泌水离析小 ③减小水泥用量和混凝土干缩量，提高耐久性	流化剂(如三聚氰胺甲醛树脂磺酸盐类、改性木质素磺酸盐类、萘磺酸甲醛缩合物)
耐冻融混凝土	①引入适量的微小气泡，缓冲冰胀应力 ②减小混凝土水灰比，提高耐久性	①引气剂 ②引气减水剂
防水混凝土	①减少混凝土内部孔隙 ②堵塞渗水通路，提高抗渗性 ③改变孔隙的形状和大小	①防水剂 ②膨胀剂 ③减水剂及引气减水剂

续上表

工程项目	选用目的	选用剂型
泵送混凝土	减少坍落度损失，使混凝土具有良好的黏聚性	①缓凝减水剂 ②泵送剂
蒸养混凝土	缩短蒸养时间或降低蒸养温度	①早强减水剂 ②非引气高效减水剂
灌浆、补强、填缝	①在混凝土内产生膨胀应力，以抵消由于干缩而产生的拉应力，从而提高混凝土的抗裂性 ②提高混凝土抗渗性	膨胀剂(如硫铝酸盐类、氧化钙类、金属类)
滑模工程	①夏季缓凝，便于滑升 ②冬季早强，保证滑升速度	①夏季采用普通减水剂 ②冬季采用高效减水剂或早强减水剂
大模板工程	①提高和易性 ②提高混凝土早期强度，以满足快速拆模和一定的扣板强度	①夏季采用普通减水剂或高效减水剂 ②冬季采用早强减水剂

(二)矿物外加剂

1.矿物外加剂的定义

____

____

2.常用的矿物外加剂有哪些？

____

____

六、混凝土配合比设计

混凝土的质量不仅取决于组成材料的技术性能，而且还取决于各组成材料的配合比例。混凝土的配合比是指混凝土各组成材料数量之间的比例关系。常用的表示方法有：

(1)单位用量表示法：每立方米混凝土中各材料的用量，如1 m^3混凝土中水泥：水：砂：石＝340 kg：170 kg：765 kg：1 292 kg。

(2)相对用量表示法：以水泥的质量为1，其他材料针对水泥的相对用量，并按“水泥：砂：石，水灰比”的顺序排列表示，如上述单位用量表示法中所列内容为基础，采用相对用量来表示则可转化为1：2.25：3.80，W/C＝0.5。

(一)混凝土设计的四个基本要求

(1)满足结构物设计强度的要求；

(2)满足施工工作性要求；

(3)满足耐久性要求；

(4)满足经济性要求。

(二)混凝土配合比设计的三个重要参数

(1)水胶比；

(2)砂率；

(3)单位用水量。图 3.66 为混凝土配合比参数示意图。

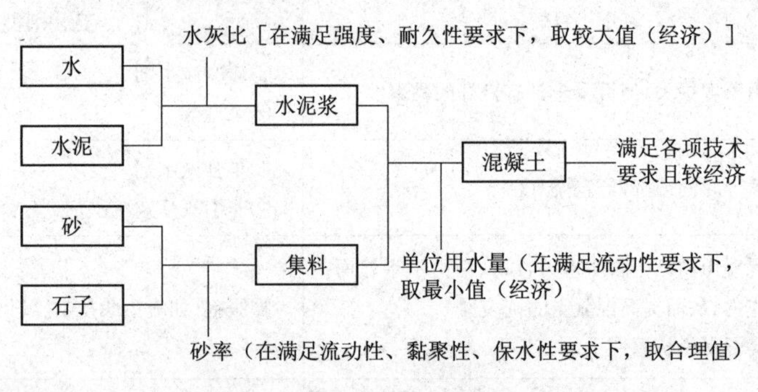

图 3.66 混凝土配合比参数示意图

(三)普通混凝土配合比设计的步骤

混凝土配合比设计包括初步配合比的计算、试验室配合比的设计和施工配合比的确定。

1. 初步配合比的计算

1)确定配制强度 $f_{cu,0}$，根据《普通混凝土配合比设计规程》(JGJ 55—2011)规定，配制强度应按下列规定确定。

(1)当混凝土的设计强度等级小于 C60 时，配制强度应按式(3.10)确定：

$$f_{cu,0} \geqslant f_{cu,k} + 1.645\sigma \tag{3.10}$$

式中 $f_{cu,0}$——混凝土配制强度(MPa)；

$f_{cu,k}$——混凝土立方体抗压强度标准值，这里取混凝土的设计强度等级值(MPa)；

σ——混凝土强度标准差(MPa)。

(2)当设计强度等级不小于 C60 时，配制强度应按式(3.11)确定：

$$f_{cu,o} \geqslant 1.15 f_{cu,k} \tag{3.11}$$

(3)混凝土强度标准差应按下列规定确定。

①当具有近 1～3 个月的同一品种、同一强度等级混凝土的强度资料，且试件组数不小于 30 时，其混凝土强度标准差应按式(3.12)计算：

$$\sigma = \sqrt{\frac{\sum_{i=1}^{n} f_{cu,i}^2 - n m_{fcu}^2}{n-1}} \tag{3.12}$$

式中 σ——混凝土强度标准差；

$f_{cu,i}$——第 i 组的试件强度(MPa)；

m_{fcu}——n 组试件的强度平均值(MPa)；

n——试件的组数。

对于强度等级不大于 C30 的混凝土，当混凝土强度标准差计算值不小于 3.0 MPa 时，应按公式计算结果取值。当混凝土强度标准差计算值小于 3.0 MPa 时，应取 3.0 MPa。

对于强度等级大于 C30 且小于 C60 的混凝土，当混凝土强度标准差计算值不小于4.0 MPa 时，应按公式计算结果取值；当混凝土强度标准差计算值小于 4.0 MPa 时，应取 4.0 MPa。

②当没有近期的同一品种、同一强度等级混凝土强度资料时，其强度标准差 σ 可按表 3.16 取值。

表 3.16　强度标准差 σ 值

混凝土强度标准值	≤C20	C25～C45	C50～C55
σ(MPa)	4.0	5.0	6.0

当进行混凝土配合比设计时，为保证混凝土的耐久性，根据混凝土结构的环境类别，混凝土的最大水胶比和最小胶凝材料用量，应符合表 3.17 规定。

表 3.17　混凝土结构的环境类别

环境类别	条　件
一	室内干燥环境；无侵蚀性静水浸没环境
二 a	室内潮湿环境；非严寒和非寒冷地区的露天环境；非严寒和非寒冷地区与无侵蚀性的水或土直接接触的环境；严寒和寒冷地区的冰冻线以下与无侵蚀性的水或土直接接触的环境
二 b	干湿交替环境；频繁变动环境；严寒和寒冷地区的露天环境；严寒和寒冷地区的冰冻线以上与无侵蚀性的水或土直接接触的环境
三 a	严寒和寒冷地区冬季水位变动区环境；受除冰盐影响环境；海风环境
三 b	盐渍土环境；受除冰盐作用环境；海岸环境
四	海水环境
五	受人为或自然的侵蚀性物资影响的环境

注：①室内潮湿环境是指构件表面经常处于结露或湿润状态的环境。

②严寒和寒冷地区的划分应符合《民用建筑热工设计规范》(GB 50176—1993)的有关规定。

③海岸环境和海风环境宜根据当地情况，考虑主导风向及结构所处迎风、背风部位等因素的影响，由调查研究和工程经验确定。

④受除冰盐影响环境为受到除冰盐盐雾影响的环境；受除冰盐作用环境指被除冰盐溶液溅射的环境以及使用除冰盐地区的洗车房、停车楼等建筑。

设计使用年限为 50 年的混凝土结构，其混凝土材料宜符合表 3.18 的规定。

表 3.18　结构混凝土材料的耐久性基本要求

环境等级	最大水胶比	最低强度等级	最大氯离子含量(%)	最大碱含量(kg/m^3)
一	0.60	C20	0.30	不限制
二 a	0.55	C25	0.20	3.0
二 b	0.50(0.55)	C30(C25)	0.15	
三 a	0.45(0.50)	C35(C30)	0.15	
三 b	0.40	C40	0.10	

注：①氯离子含量是指其占胶凝材料总量的百分比。

②预应力构件混凝土中的最大氯离子含量为 0.05%；最低混凝土强度等级应按表中的规定提高两个等级。

③素混凝土构件的水胶比及最低强度等级的要求可适当放松。

④有可靠工程经验时，二类环境中的最低混凝土强度等级可降低一个等级。

⑤处于严寒和寒冷地区二 b、三 a 类环境中的混凝土应使用引气剂，并可采用括号中的有关参数。

⑥当使用非碱活性集料时，对混凝土中的碱含量可不做限制。

混凝土的最小胶凝材料用量应符合下表规定；配置 C15 及其以下强度等级的混凝土，可不受表 3.19 控制。

表 3.19 混凝土的最小胶凝材料用量

最大水胶比	最小胶凝材料用量(kg/m³)		
	素混凝土	钢筋混凝土	预应力混凝土
0.60	250	280	300
0.55	280	300	300
0.50	320		
≤0.45	330		

2)确定混凝土水胶比,当混凝土强度等级小于 C60 时,混凝土水胶比可按式(3.13)计算:

$$\frac{W}{B}=\frac{\alpha_a\times f_b}{f_{cu,0}+\alpha_a\times\alpha_b\times f_b} \tag{3.13}$$

式中 $\frac{W}{B}$——混凝土水胶比;

f_b——胶凝材料 28 d 胶砂抗压强度实测值(MPa);

α_a,α_b——回归系数。

回归系数 α_a 和 α_b 应根据工程所使用原材料,通过试验建立的水胶比与混凝土强度关系式确定。当不具备上述试验统计资料时,回归系数可按表 3.20 采用。

表 3.20 回归系数选用表(JGJ 55—2011)

回归系数	碎　石	卵　石
α_a	0.53	0.49
α_b	0.20	0.13

(1)当胶凝材料 28 d 胶砂抗压强度值(f_b)无实测值时,可采用式(3.14)计算:

$$f_b=\gamma_f\gamma_s f_{ce} \tag{3.14}$$

式中 γ_f,γ_s——粉煤灰影响系数和粒化高炉矿渣粉影响系数,见表 3.21;

f_{ce}——水泥 28 d 胶砂抗压强度(MPa),可实测。

表 3.21 粉煤灰影响系数(γ_f)和粒化高炉矿渣粉影响系数(γ_s)

种类 / 掺量(%)	粉煤灰影响系数 γ_f	粒化高炉矿渣粉影响系数 γ_s
0	1.00	1.00
10	0.85~0.95	1.00
20	0.75~0.85	0.95~1.00
30	0.65~0.75	0.90~1.00
40	0.55~0.65	0.80~0.90
50	—	0.70~0.85

注:①采用Ⅰ级、Ⅱ级粉煤灰宜取上限值。

②采用 S75 级粒化高炉矿渣粉宜取下限值,采用 S95 级粒化高炉矿渣粉宜取上限值,采用 S105 级粒化高炉矿渣粉可取上限值加 0.05。

③当超出表中的掺量时,粉煤灰和粒化高炉矿渣粉影响系数应经试验确定。

另外，矿物掺合料在混凝土中的掺量应通过实验确定，采用硅酸盐水泥或普通硅酸盐水泥时，钢筋混凝土中矿物掺合料最大掺量宜符合表 3.22 及表 3.23 的规定，对基础大体积混凝土，粉煤灰、粒化高炉矿渣粉和复合掺合料的最大掺量可增加 5%；采用掺量大于 30%的 C 类粉煤灰的混凝土应以实际使用的水泥和粉煤灰掺量进行安定性检验合格。

表 3.22　钢筋混凝土中矿物掺合料最大掺量

矿物掺合料种类	水胶比	最大掺量(%)	
		采用硅酸盐水泥时	采用普通硅酸盐水泥时
粉煤灰	≤0.40	45	35
	>0.40	40	30
粒化高炉矿渣粉	≤0.40	65	55
	>0.40	55	45
钢渣粉	—	30	20
磷渣粉	—	30	20
硅灰	—	10	10
复合掺合料	≤0.40	65	55
	>0.40	55	45

表 3.23　预应力混凝土中矿物掺合料最大掺量

矿物掺合料种类	水胶比	最大掺量(%)	
		采用硅酸盐水泥时	采用普通硅酸盐水泥时
粉煤灰	≤0.40	35	30
	>0.40	25	20
粒化高炉矿渣粉	≤0.40	55	45
	>0.40	45	35
钢渣粉	—	20	10
磷渣粉	—	20	10
硅灰	—	10	10
复合掺合料	≤0.40	55	45
	>0.40	45	35

以上两表中，注：

①采用其他通用硅酸盐水泥时，宜将水泥混合材料掺量 20%以上的混合材量计入矿物掺合料。

②符合掺合料各组分的掺量不宜超过单掺时的最大掺量。

③在混合使用两种或两种以上矿物掺合料时，矿物掺合料总掺量应符合以上表中规定。

(2)当水泥 28 d 胶砂抗压强度(f_{ce})无实测值时，可按式(3.15)计算：

$$f_{ce}=\gamma_c f_{ce,g} \tag{3.15}$$

式中　γ_c——水泥强度等级值的富余系数，可按实际统计资料确定；当缺乏实际统计资料时，也可按表 3.24 选用；

$f_{ce,g}$——水泥强度等级值(MPa)。

表 3.24 水泥强度等级值的富余系数(γ_c)

水泥强度等级值	32.5	42.5	52.5
富裕系数	1.12	1.16	1.10

当计算出水胶比后，还应根据混凝土所处环境和耐久性要求的允许水胶比进行校核，要满足标准所规定的最大水胶比限定。

3)确定单位用水量和外加剂用量。

(1)干硬性混凝土和塑性混凝土用水量的确定。当水胶比在 0.40～0.80 范围内时，应根据粗集料的品种、粒径及施工要求的混凝土拌和物稠度，按下表选取单位用水量 m_{w0}。

(2)混凝土水胶比小于 0.40 时，可通过试验确定。

掺外加剂时的混凝土用水量，可按表 3.25 及表 3.26 计算：

表 3.25 干硬性混凝土的用水量(kg/m^3)(JGJ 55—2011)

拌和物稠度		卵石最大粒径(mm)			碎石最大公称粒径(mm)		
项目	指标	10	20	40	16	20	40
维勃稠度(s)	16～20	175	160	145	180	170	155
	11～15	180	165	150	185	175	160
	5～10	185	170	155	190	180	165

表 3.26 塑性混凝土的用水量(kg/m^3)(JGJ 55—2011)

拌和物稠度		卵石最大粒径(mm)				碎石最大粒径(mm)			
项目	指标	10	20	31.5	40	16	20	31.5	40
坍落度(mm)	10～30	190	170	160	150	200	185	175	165
	35～50	200	180	170	160	210	195	185	175
	55～70	210	190	180	170	220	205	195	185
	75～90	215	195	185	175	230	215	205	195

注：①本表用水量是采用中砂时的平均值。采用细砂时，1 m^{3}混凝土用水量可增加 5～10 kg；采用粗砂时，则可减少 5～10 kg。

②掺用各种外加剂或矿物掺合料时，用水量应相应调整。

掺外加剂时，每立方米流动性混凝土的用水量(m_{w0})可按式(3.16)计算：

$$m_{w0}=m'_{w0}(1-\beta) \tag{3.16}$$

式中 m_{w0}——计算配合比每立方米混凝土的用水量(kg/m^3)；

m'_{w0}——未掺外加剂时推定的满足实际坍落度要求的每立方米混凝土的用水量(kg/m^3)，以本规程上表 90 mm 坍落度的用水量为基础，按每增大 20 mm 坍落度相应增加 5 kg/m^{3}用水量来计算，当坍落度增大到 180 mm 以上时，随坍落度相应增加的用水量可减少。

β——外加剂的减水率(%)，β 值应根据试验确定。

每立方米混凝土中外加剂用量(m_{a0})应按式(3.17)计算

$$m_{a0}=m_{b0}\beta_a \tag{3.17}$$

式中 m_{a0}——计算配合比每立方米混凝土中外加剂用量(kg/m^3)；

m_{b0}——计算配合比每立方米混凝土中胶凝材料用量（kg/m^3）；

β_a——外加剂掺量（%），应经混凝土试验确定。

4）每立方米混凝土的胶凝材料用量（m_{b0}）应按式（3.18）计算，并应进行试拌调整，在拌和物性能满足的情况下，取经济合理的胶凝材料用量。

$$m_{b0}=\frac{m_{w0}}{W/B} \tag{3.18}$$

式中　m_{b0}——计算配合比每立方米混凝土中胶凝材料用量（kg/m^3）；

m_{w0}——计算配合比每立方米混凝土的用水量（kg/m^3）；

W/B——混凝土水胶比。

5）每立方米混凝土的矿物掺合料用量（m_{f0}）应按式（3.19）计算：

$$m_{f0}=m_{f0}\beta_f \tag{3.19}$$

式中　m_{f0}——计算配合比每立方米混凝土中矿物掺合料用量（kg/m^3）；

β_f——矿物掺合料掺量（%）。

6）每立方米混凝土的水泥用量（m_{c0}）应按式（3.20）计算：

$$m_{c0}=m_{b0}-m_{f0} \tag{3.20}$$

式中　m_{c0}——计算配合比每立方米混凝土中水泥用量（kg/m^3）。

7）砂率（β_s）根据骨料的技术指标、混凝土拌和物性能和施工要求，参考既有历史资料确定。

当缺乏砂率的历史资料时，混凝土砂率的确定应符合下列规定：

（1）坍落度为10～60 mm的混凝土，应根据粗集料的种类、最大公称粒径及水胶比按表选取；

（2）坍落度大于60 mm的混凝土，砂率可由试验确定，也可在表3.27的基础上，按坍落度每增大20 mm，砂率增大1%的幅度予以调整；

（3）坍落度小于10 mm的混凝土，其砂率应由试验确定；

（4）掺用外加剂或掺合料的混凝土，其砂率应由试验确定。

表3.27　混凝土的砂率（JGJ 55—2011）

水胶比（W/B）	卵石最大粒径（mm）			碎石最大粒径（mm）		
	10	20	40	16	20	40
0.40	26～32	25～31	24～30	30～35	29～34	27～32
0.50	30～35	29～34	28～33	33～38	32～37	30～35
0.60	33～38	32～37	31～36	36～41	35～40	33～38
0.70	36～41	35～40	34～39	39～44	38～43	36～41

注：①本表数值是中砂的选用砂率，对细砂或粗砂，可相应地减小或增大砂率。

②采用人工砂配制混凝土时，砂率可适当增大。

③只用一个单粒级粗骨料配制混凝土时，砂率应适当增大。

8）当采用质量法计算混凝土配合比时，粗、细骨料用量及砂率均应按式计算。

（1）质量法。质量法又称假定表观密度法，即混凝土的质量等于各组成材料质量之和。

$$\begin{cases} m_{c0}+m_{s0}+m_{g0}+m_{w0}+m_{f0}=m_{cp} \\ \beta_s=\dfrac{m_{s0}}{m_{s0}+m_{g0}}\times 100\% \end{cases} \tag{3.21}$$

式中 β_s——混凝土的砂率(%)；

m_{s0},m_{g0}——计算配合比每立方米混凝土中的细、粗骨料用量(kg/m³)；

m_{cp}——每立方米混凝土拌和物的假定质量(kg),可取 2 350～2 450 kg/m³。

(2)体积法。当采用体积法计算混凝土配合比时,砂率应按公式计算,粗细骨料用量应按式(3.22)计算：

$$\begin{cases} \dfrac{m_{c0}}{\rho_c}+\dfrac{m_{s0}}{\rho_s}+\dfrac{m_{g0}}{\rho_g}+\dfrac{m_{w0}}{\rho_w}+\dfrac{m_{f0}}{\rho_f}+0.01\alpha=1 \\ \beta_s=\dfrac{m_{s0}}{m_{s0}+m_{g0}}\times 100\% \end{cases} \tag{3.22}$$

式中 ρ_c——水泥密度,可取 2 900～3 100 kg/m³；

ρ_s——细骨料的表观密度(kg/m³)；

ρ_g——粗骨料的表观密度(kg/m³)；

ρ_w——水的密度,可取 1 000(kg/m³)；

ρ_f——矿物掺合料密度(kg/m³),

α——混凝土的含气量百分数,在不使用引气型或引气型外加剂时,可取 1。

β_s——混凝土的砂率(%)。

这样就得到初步配合比为水泥∶矿物掺合料∶水∶砂∶石。初步配合比是利用经验公式或经验资料获得的,由此配成的混凝土有可能不符合实际要求,所以应对配合比进行试配、调整与确定。

2.试验室配合比的确定

混凝土试配时,应采用工程中实际使用的材料,粗、细集料的称量均以干燥状态为基准,若集料中含水,则称料时要在用水量中扣除集料中的水,集料用量做相应增加。

混凝土的搅拌方法,应与生产时使用的方法相同。试拌时每盘混凝土的最小搅拌量为：集料最大粒径在 31.5 mm 及以下时,拌和物数量取 20 L;集料最大粒径为 40 mm 时,拌和物数量取 25 L。当采用机械搅拌时,每盘混凝土试配的最小搅拌量不应小于搅拌机公称容量的 1/4 且不应大于搅拌机公称容量。

(1)和易性调整

按初步配合比称取各材料数量进行试拌,混凝土拌和物搅拌均匀后测定其坍落度,同时观察拌和物的黏聚性和保水性。当不符合要求时,应进行调整。调整的基本原则为:若流动性太大,可在砂率不变的条件下,适当增加砂、石的用量;若流动性太小,应在保持水胶比不变的情况下,适当增加水和胶凝材料数量(增加 2%～5%的水泥浆,可提高混凝土拌和物坍落度 10 mm);若黏聚性和保水性不良时,实质上是混凝土拌和物中砂浆不足或砂浆过多,可适当增大砂率或适当降低砂率。每次调整后再进行试拌、检测,直至符合要求为止。这种调整和易性满足要求的配合比,即是供混凝土强度试验用的基准配合比,同时可得到符合和易性要求的实拌用量 $m_{c拌}$、$m_{s拌}$、$m_{g拌}$、$m_{w拌}$、$m_{f拌}$。

当试拌、调整工作完成后,即可测出混凝土拌和物的实测表观密度 $\rho_{c,t}$。

由于理论计算的各材料用量之和与实测表观密度不一定相同，且用料量在试拌过程中有可能发生了改变，因此应对上述实拌用料结合实测表观密度进行调整。

配合比调整后的混凝土拌和物的表观密度计算值($\rho_{c,c}$)应按式(3.23)计算：

$$\rho_{c,c}=m_{c拌}+m_{s拌}+m_{g拌}+m_{w拌}+m_{f拌} \tag{3.23}$$

则 1 m^3 混凝土各材料用量调整为：

$$m_{c1}=\frac{m_{c拌}}{\rho_{c,c}}\times\rho_{c,t},\quad m_{s1}=\frac{m_{s拌}}{\rho_{c,c}}\times\rho_{c,t}$$

$$m_{g1}=\frac{m_{g拌}}{\rho_{c,c}}\times\rho_{c,t},\quad m_{f1}=\frac{m_{f拌}}{\rho_{c,c}}\times\rho_{c,t},\quad m_{w1}=\frac{m_{w拌}}{\rho_{c,c}}\times\rho_{c,t}$$

混凝土基准配合比为 $m_{c1}:m_{s1}:m_{g1}$，水胶比$=\dfrac{m_{w1}}{m_{c1}+m_{f1}}$。

当混凝土拌和物表观密度实测值与计算值之差的绝对值不超过计算值的 2%时，调整后的配合比可维持不变；当两者之差超过 2%时，应将配合比中每项材料用量均乘以校正系数(δ)。

配合比调整后，应测定拌和物水溶性氯离子含量，并应对设计要求的混凝土耐久性能进行试验，符合设计规定的氯离子含量和耐久性要求的配合比方可确定为设计配合比。

(2)强度检验

经过和易性调整得出的混凝土基准配合比，所采用的水胶比不一定恰当，混凝土的强度和耐久性不一定符合要求，所以应对混凝土强度进行检验。检验混凝土强度时至少应采用 3 个不同的配合比。其中一个是试拌配合比；另外两个配合比的水胶比值，应在试拌配合比的基础分别增加或减少 0.05，用水量保持不变，砂率也相应增加或减少 1%，由此相应调整水泥和砂石用量。

每组配合比制作一组标准试块，在标准条件下养护 28 d，测其抗压强度。根据混凝土强度试验结果，用作图法把不同水胶比值的立方体抗压强度标在以强度为纵轴、胶水比为横轴的坐标系上，便可得到混凝土立方体抗压强度—胶水比的线性关系，从而计算出与混凝土配制强度($f_{cu,o}$)相对应的胶水比值。并按这个胶水比值与原用水量计算出相应的各材料用量，作为最终确定的试验室配合比，即 1 m^3 混凝土中各组成材料的用量 m_c、m_s、m_g、m_w、m_f。

3.施工配合比的确定

混凝土的试验室配合比是以材料处于干燥状态为基准的，但施工现场存放的砂、石材料都会含有一定的水分，所以施工现场各材料的实际称量，应按施工现场砂、石的含水情况进行修正，并调整相应的用水量，修正后的混凝土配合比即施工配合比。施工配合比修正的原则是：胶凝材料不变，补充砂石，扣除水量。

假设施工现场测出砂的含水率为 a%、石子的含水率为 b%，则各材料用量分别为

$$m'_c=m_c$$

$$m'_f=m_f$$

$$m'_s=m_s(1+a\%)$$

$$m'_g=m_g(1+b\%)$$

$$m'_w=m_w-m_s\times a\%-m_g\times b\%$$

式中　m'_c、m'_s、m'_g、m'_w、m'_f——施工配合比中 1 m^3 混凝土水泥、砂、石子、水和矿物掺合料的用量(kg)；

m_c、m_s、m_g、m_w、m_f——试验室配合比中1 m^3混凝土水泥、砂、石子、水和矿物掺合料的用量(kg)。

最终得到混凝土的施工现场配合比：水泥：掺合料：水：砂：石。

【例】 某办公楼现浇钢筋混凝土柱，混凝土设计强度等级为C20，无强度历史统计资料。原材料情况：水泥为32.5级普通硅酸盐水泥，密度为3.10 g/cm^3，水泥强度等级富余系数为1.08；砂为中砂，表观密度为2 650 kg/m^3；粗集料采用碎石，最大粒径为40 mm，表观密度为2 700 kg/m^3；水为自来水。混凝土施工采用机械搅拌，机械振捣，坍落度要求35～50 mm，施工现场砂含水率为5%，石子含水率为1%，试设计该混凝土配合比。

【解】 1.计算初步配合比

(1)确定配制强度$f_{cu,0}$。由题意可知，设计要求混凝土强度为C20，且施工单位没有历史统计资料，查表3.16可得$\sigma=4.0$ MPa。

$$f_{cu,0}=f_{cu,k}+1.645\sigma=20+1.645\times4.0=26.58(\text{MPa})$$

(2)计算水胶比W/B。由于混凝土强度低于C60，且采用碎石，无其他矿物掺合料，所以

$$\frac{W}{B}=\frac{W}{C}=\frac{0.53f_b}{f_{cu,0}+0.53\times0.20f_b}=\frac{0.53\times32.5\times1.08}{26.6+0.53\times0.20\times32.5\times1.08}=0.61$$

由表3.17和表3.18可知，干燥环境中钢筋混凝土最大水胶比为0.60<0.61，两者相比取小者，所以$W/B=0.60$。

(3)确定单位用水量m_{w0}。查表3.26可知，集料采用碎石，最大粒径为40 mm，混凝土拌和物坍落度为35～50 mm时，1 m^{3}混凝土的用水量$m_{w0}=175$ kg。

(4)计算水泥用量m_{c0}

$$m_{c0}=\frac{m_{w0}}{W/B}=\frac{175}{0.61}=287(\text{kg})$$

由表3.17和表3.19可知，干燥环境中钢筋混凝土最小水泥用量为280 kg/m^3，所以混凝土水泥用量$m_{c0}=287$ kg。

(5)确定砂率β_s。查表3.27可知，对于最大粒径为40 mm、碎石配制的混凝土，水胶比为0.60时，可在0.60～0.70内插，取$\beta_s=34\%$。

(6)计算砂用量m_{s0}和石子用量m_{g0}。

①质量法。由于该混凝土强度等级为C20，假设1 m^{3}混凝土拌和物的假定质量为2 400 kg/m^3，则由公式

$$\begin{cases}m_{c0}+m_{s0}+m_{g0}+m_{w0}=m_{cp}\\ \beta_s=\dfrac{m_{s0}}{m_{s0}+m_{g0}}\times100\%\end{cases}$$

求得

$$m_{s0}+m_{g0}=m_{cp}-m_{c0}-m_{w0}=2\,400-287-175=1\,938(\text{kg})$$

$$m_{s0}=(\rho_{cp}-m_{c0}-m_{w0})\times\beta_s=1\,938\times34\%=659(\text{kg})$$

$$m_{g0}=m_{cp}-m_{c0}-m_{w0}-m_{s0}=1\,938-659=1\,279(\text{kg})$$

②体积法。由公式

$$\frac{m_{c0}}{\rho_c}+\frac{m_{s0}}{\rho_s}+\frac{m_{g0}}{\rho_g}+\frac{m_{w0}}{\rho_w}+0.01\alpha=1$$

$$\beta_s=\frac{m_{s0}}{m_{s0}+m_{g0}}\times100\%$$

代入数据得

$$\frac{287}{3\,100}+\frac{m_{s0}}{2\,650}+\frac{m_{g0}}{2\,700}+\frac{175}{1\,000}+0.01\times1=1$$

$$\frac{m_{s0}}{m_{s0}+m_{g0}}=0.34$$

求得：$m_{s0}=657$ kg，$m_{g0}=1\,275$ kg。

1 m³混凝土用料量(kg)	水泥	砂	碎石	水
	287	659	1 279	175
质量比	1：2.30：4.46：0.61			

2. 确定试验室配合比

(1)和易性调整。因为集料最大粒径为 40 mm，在试验室试拌取样 25 L，则试拌时各组成材料用量分别为：

水泥　　$0.025\times287=7.18$(kg)

砂　　$0.025\times659=16.48$(kg)

碎石　　$0.025\times1\,279=31.98$(kg)

水　　$0.025\times175=4.38$(kg)

按规定方法拌和，测得坍落度为 20 mm，低于规定坍落度 35～50 mm 的要求，黏聚性、保水性均好，砂率也适宜。为满足坍落度要求，增加 5%的水泥和水，即加入水泥 $7.18\times5\%=0.36$(kg)，水 $4.38\times5\%=0.22$(kg)，再进行拌和检测，测得坍落度为 40 mm，符合要求。并测得混凝土拌和物的实测表观密度 $\rho_{c,t}=2\,390$ kg/m³。

试拌完成后，各组成材料的实际拌和用量为：水泥 $m_{c拌}=7.18+0.36=7.54$(kg)；砂 $m_{s拌}=16.48$ kg；石子 $m_{g拌}=31.98$ kg；水 $m_{w拌}=4.38+0.22=4.60$(kg)。试拌时混凝土拌和物表观密度理论值 $\rho_{c,c}=7.54+16.48+31.98+4.60=60.60$(kg)。则 1 m³ 混凝土各材料用量调整为：

$$m_{c1}=\frac{7.54}{60.60}\times2\,390=297(\text{kg})$$

$$m_{s1}=\frac{16.48}{60.60}\times2\,390=650(\text{kg})$$

$$m_{g1}=\frac{31.98}{60.60}\times2\,390=1\,261(\text{kg})$$

$$m_{w1}=\frac{4.60}{60.60}\times2\,390=181(\text{kg})$$

混凝土基准配合比为水泥：砂：石子$=297:650:1\,261=1:2.19:4.25$；水灰比$=0.61$。

(2)强度检验。以基准配合比为基准(水灰比为 0.61)，另增加两个水灰比分别为 0.56 和 0.66 的配合比进行强度检验。用水量不变(均为 181 kg)，砂率相应增加或减少 1%，并假设三组拌和物的实测表观密度也相同(均为 2 390 kg/m³)，由此相应调整水泥和砂石用量，计算过程如下。

第一组：$W/C=0.66$，$\beta_s=35\%$。则每 1 m³ 混凝土用量为：

$$水泥=\frac{181}{0.66}=274(kg)$$

$$砂=(2\ 390-181-274)\times35\%=677(kg)$$

$$石子=2\ 390-181-274-677=1\ 258(kg)$$

配合比为水泥：砂：石子：水=274：677：1 258：181。

第二组：$W/C=0.61$，$\beta_s=34\%$，配合比水泥：砂：石子：水=297：650：1 261：181。

第三组：$W/C=0.56$，$\beta_s=33\%$。1 m^3混凝土用量为：

$$水泥=\frac{181}{0.56}=323(kg)$$

$$砂=(2\ 390-181-323)\times33\%=622(kg)$$

$$石子=2\ 390-181-323-622=1\ 264(kg)$$

配合比为水泥：砂：石子：水=323：622：1 264：181。

用上述三组配合比各制作一组试件，标准养护，测得28 d抗压强度为：

第一组$W/C=0.56$，$C/W=1.79$，测得$f_{cu}=32.3$ MPa；

第二组$W/C=0.61$，$C/W=1.64$，测得$f_{cu}=28.7$ MPa；

第三组$W/C=0.66$，$C/W=1.52$，测得$f_{cu}=25.1$ MPa。

用作图法求出与混凝土配制强度$f_{cu,o}=26.58$ MPa相对应的灰水比值为1.72，即当$W/C=1/1.72=0.58$时，$f_{cu,o}=26.58$ MPa，则1 m^3混凝土中各组成材料的用量为(砂率β_s取36%)：

水泥 $m_c=\frac{181}{0.58}=312(kg)$

砂 $m_s=(2\ 390-181-312)\times36\%=683(kg)$

碎石 $m_g=2\ 390-181-312-683=1\ 214(kg)$

水 $m_w=181(kg)$

混凝土的试验室配合比为：

1 m^3混凝土用料量(kg)	水泥	砂	碎石	水
	312	683	1 214	181
质量比	1：2.19：3.89：0.58			

3. 确定施工配合比

因测得施工现场的砂含水率为5%，石子含水率为1%，则1 m^3混凝土的施工配合比为

水泥 $m'_c=312(kg)$

砂 $m'_s=683\times(1+5\%)=717(kg)$

石子 $m'_g=1\ 214\times(1+1\%)=1\ 226(kg)$

水 $m'_w=181-683\times5\%-1\ 214\times1\%=135(kg)$

混凝土的施工配合比及每两包水泥(100 kg)的配料量为：

1 m^3混凝土用料量(kg)	水泥	砂	石子	水
	312	717	1 226	135
质量比	1：2.30：3.93：0.43			
每两包水泥配料量(kg)	100	230	393	43

七、熟悉试验室环境要求(见图3.67)

温度:__________　　湿度:__________

图3.67　温湿度计

子项目2　水泥混凝土拌和物工作性试验

2.1　水泥混凝土拌和物工作性试验前的准备

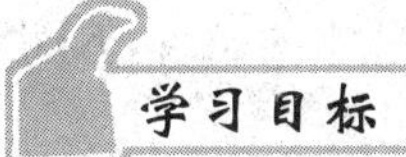

1.明确水泥混凝土拌和物工作性检测的试验目的。

2.熟悉水泥混凝土拌和物工作性试验所使用的仪器设备。

3.熟悉水泥混凝土拌和物工作性检测标准,牢记试验步骤。

4.能根据任务要求和试验步骤,合理制定试验工作计划。

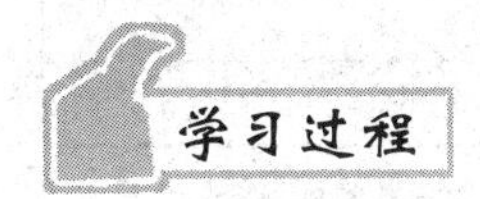

一、写出混凝土拌和物工作性最新检测标准名称和代号

____

二、学习混凝土拌和物工作性检测的有关知识

水泥混凝土拌和物工作性的检测包括:混凝土拌和物的拌制、混凝土拌和物和易性的检测、混凝土拌和物湿表观密度检测和混凝土标准试件的成型及养护4个方面的内容。

1.水泥混凝土拌和物的拌制

将混凝土初步配合比设计中计算好的材料量用于进行混凝土拌和物的拌制。

(1)人工拌制

人工拌和时间见表3.28。

表3.28　拌和时间

拌和物体积(L)	<30	31～50	51～70
拌和时间(min)	>4～5	5～9	9～12

(2)机械拌制

____。

2. 水泥混凝土拌和物工作性试验

新拌混凝土拌和物，必须具备一定流动性，且均匀、不离析、不泌水、容易抹平等，以适合运送、灌筑、捣实等施工要求。这些性质总称为工作性，通常用稠度表示。测定稠度的方式有坍落度、坍落扩展度试验和维勃稠度试验。

坍落度与坍落扩展度试验方法适用于集料最大粒径不大于 40 mm、坍落度值不小于 10 mm的混凝土拌和物稠度测定；维勃稠度试验方法适用于集料最大粒径不大于 40 mm、维勃稠度在 5～30 s 的混凝土拌和物稠度测定。

3. 表观密度的测定(容量筒法)

本方法适用于测定混凝土拌和物捣实后的单位体积质量(即表观密度)。

容量筒容积应予以标定，标定方法可采用一块能覆盖住容量筒顶面的玻璃板，先称出玻璃板和空桶的质量，然后向容量筒中灌入清水，当水接近上口时，一边不断加水，一边把玻璃板沿筒口缓缓推入盖严，应注意使玻璃板下不带入任何气泡；然后擦净玻璃板面及筒壁外的水分，将容量筒连同玻璃板放在台称上称其质量；两次质量之差(单位：kg)即为容量筒的容积(单位：L)。

4. 试件成型与养护方法

(1)经稠度试验合格的混合料为测定技术性质，必须制备成各种不同尺寸的试件，尺寸选用表见表 3.29。

表 3.29　混凝土试件尺寸选用表

试件横截面尺寸(mm)	骨料最大粒径(mm)	
	劈裂抗拉强度试验	其他试验
100×100	20	31.5
150×150	40	40
200×200	—	63

注：骨料最大粒径指的是符合《普通混凝土用砂、石质量及检验方法标准》(JGJ 52—2006)中规定的圆孔筛的孔径。

(2)试件的养护：

采用标准养护的试件，应在温度为(20±5) ℃的环境中静放 1～2 d，然后编号、拆模。拆模后应立即放入温度为(20±2) ℃，相对湿度为 95%以上的标准养护室中养护，或在温度为(20±2) ℃的不流动的 $Ca(OH)_2$饱和溶液中养护。标准养护室内的试件应放在支架上，彼此间隔 10～20 mm，试件表面应保持潮湿，并不得被水直接冲淋。

三、认识水泥混凝土拌和物工作性检测的主要仪器设备(见图 3.68～图 3.78)

图 3.68　混凝土搅拌机一

图 3.69　混凝土搅拌机二

图 3.70　混凝土搅拌机三

图 3.71　混凝土拌和物检测仪器

图 3.72　混凝土拌和物和易性检测

图 3.73　容量筒

图 3.74　混凝土振动台

图 3.75　电子台秤

图 3.76　混凝土试模

图 3.77　混凝土试块的制作

图 3.78　混凝土立方体试块

四、制定小组试验工作计划

查阅相关试验标准，了解试验任务的基本步骤，根据任务要求，结合试验室仪器设备的实际情况，制定小组试验工作计划。

水泥混凝土拌和物工作性试验工作计划

1. 人员分工

(1)小组负责人：____________________。

(2)小组成员及分工。

姓　名	分　工

2. 工具及材料清单

序　号	工具或材料名称	单　位	数　量	备　注

五、评价试验准备情况

以小组为单位，展示本组制定的试验工作计划，在教师点评的基础上对试验计划进行修改完善，并根据以下评分标准进行评分。

评价内容	分值	评　分		
		自我评价	小组评价	教师评价
计划制定是否有条理	10			
计划是否全面、完善	10			
人员分工是否合理	10			
任务要求是否明确	20			
工具清单是否正确、完整	20			
材料清单是否正确、完整	20			
团结协作	10			
合　计				

2.2　水泥混凝土工作性试验及试验报告完成

1. 能正确使用试验中仪器设备。
2. 能准确完成试验操作并判断处理试验操作过程中出现的异常问题。
3. 能将试验仪器设备正确归位并清理现场。
4. 能正确判定试验结果并填写试验报告。

一、准备好试验材料

根据情境描述中的要求进行混凝土初步配合比计算，试验室拌和混凝土时，材料用量应以质量计。称量精度：集料为±1%；水、水泥、掺合料、外加剂均为±0.5%。

在试验室制备混凝土拌和物时，试验室的温度应保持在(20±5) ℃，所用材料的温度应与试验室温度一致。

需要模拟施工条件下所用的混凝土时，所用原材料的温度宜与施工现场保持一致。

二、检查试验仪器的完好性

(1)拌板:1 m×2 m 的金属板 1 块或试验室用混凝土拌和机(容积为 75～100 L,转速为 18～22 r/min)。

(2)铁铲:1～3 个。

(3)量斗及其他容器:装水泥和各种集料用。

(4)量水容器:1 个。

(5)抹布:1 块。

(6)台秤:称量 50 kg,分度值 0.5 kg,1 台。

(7)坍落度筒:坍落度筒为铁板制成的截头圆锥筒,厚度应不小于 1.5 mm,内侧平滑,没有铆钉头之类的突出物,在筒上方约 2/3 高度处安装两个把手,近下端两侧焊两个踏脚板,以保证坍落度筒可以稳定操作。

(8)捣棒:直径 16 mm、长约 600 mm,并具有半球形端头的钢质圆棒。

(9)容量筒:金属制成的圆筒,两旁装有提手。对骨料最大粒径不大于 40 mm 的拌和物采用容积为 5 L 的容量筒,其内径与内高均为(186±2) mm,筒壁厚为 3 mm;骨料最大粒径大于 40 mm 时,容量筒的内径与内高均应大于骨料最大粒径的 4 倍。容量筒上缘及内壁应光滑平整,顶面与底面应平行并与圆柱体的轴垂直。

(10)振动台:应符合《混凝土试验室用振动台》JG/T ________中技术要求的规定。

(11)混凝土立方体试模。

(12)其他:小铲、钢尺、喂料斗、镘刀和钢平板、脱模剂等。

三、试验步骤

步骤	操作步骤	技术要点提示	操作记录及心得体会
1	人工拌制:(1)湿润拌板、铁铲等,将称好的砂置于拌板上,倒上所需数量的水泥,用铁铲拌合至呈均一颜色为止。(2)加入所需数量的粗集料,拌和均匀为止。(3)将该拌和物收集成椭圆形的堆,在堆的中心扒一凹穴,仔细拌和材料与水,直至彻底拌匀为止	材料用量应以质量计。称量精度:骨料为±1%;水、水泥、掺合料、外加剂均为±0.5%。 从试样制备完毕到开始做各项性能试验不宜超过 5 min	
2	机械拌制:(1)按计算结果将所需材料分别称好,装在各容器中。(2)将称好的各种原材料,往拌和机内按顺序加入石子、砂和水泥,开动拌和机,将材料拌和均匀。在拌和过程中,将水缓缓加入,全部加料时间不宜超过2 min。水全部加入后,继续拌和 2 min,然后将拌和物倾倒在拌和板上,再经人工翻拌 1～2 min,使拌和物均匀一致	使用拌和机前,应先用少量砂浆进行涮膛,再刮出涮膛砂浆,以避免正式拌和混凝土时,水泥浆(黏附筒壁)损失。涮膛砂浆的水灰比及砂灰比,与正式混凝土相同。混凝土拌和机及拌板在使用后必须立即仔细清洗	
3	坍落度法:(1)湿润坍落度筒及底板,坍落度筒放在底板上用脚踩住两边的脚踏板,坍落度筒在装料时应保持固定的位置。(2)将混凝土试样用小铲分三层均匀地装入筒内,使捣实后每层高度为筒高的三分之一左右。每层用捣棒由外向内插捣 25 次,顶层插捣完后,用抹刀抹平。(3)在 5～10 s 内垂直平稳地提起坍落度筒。(4)测量混凝土拌和物的坍落度值。当坍落度筒提离后,如混凝土发生崩坍或一边剪现象,则应重新取样另行测定。如第二次试验仍出现上述现象,则表示该混凝土和易性不好,应予记录备查。(5)观察坍落后的混凝土试体的黏聚性及保水性	黏聚性的检查方法是用捣棒在已坍落的混凝土锥体侧面轻轻敲打,如果锥体逐渐下沉,则表示黏聚性良好,如果锥体倒塌、部分崩裂或出现离析现象,则表示黏聚性不好。保水性以混凝土拌和物稀浆析出的程度来评定,坍落度筒提起后如有较多的稀浆从底部析出,锥体部分的混凝土也因失浆而骨料外露,则表明此混凝土拌和物的保水性能不好;如坍落度筒提起后无稀浆或仅有少量稀浆自底部析出,则表示此混凝土拌和物保水性良好	

续上表

步骤	操作步骤	技术要点提示	操作记录及心得体会
4	表观密度的测定：(1)用湿布把容量筒内外擦干净，称出容量筒质量，精确至 50 g。(2)混凝土的装料及捣实方法应根据拌和物的稠度而定。用 5 L 容量筒时，混凝土拌和物应分两层装入，每层的插捣次数外向内应为 25 次，每一层捣完后用橡皮锤轻轻沿容器外壁敲打 5～10 次至拌和物表面插捣孔消失并且无大气泡为止。采用振动台振实时，应一次将混凝土拌和物灌到高出容量筒口。在振动过程中如混凝土低于筒口，应随时添加混凝土，振动直至表面出浆为止。(3)用刮尺将筒口多余的混凝土拌和物刮去，表面如有凹陷应填平；将容量筒外壁擦净，称出混凝土试样与容量筒总质量，精确至 50 g	坍落度不大于 70 mm 的混凝土，用振动台振实为宜；大于 70 mm 的用捣棒捣实为宜。 混凝土拌和物表观密度的计算应按下式计算： $$\tau_h=\frac{w_2-w_1}{v}\times 1\ 000$$ 式中 τ_h——表观密度(kg/m^3)； w_1——容量筒质量(kg)； w_2——容量筒和试样总质量(kg)； v——容量筒容积(L)。 试验结果的计算精确至 10 kg/m^3	
5	试件的成型：用振动台振实制作试件应按下述方法进行：(1)试模内表面应涂一薄层脱模剂。(2)将混凝土拌和物一次装入试模，装料时应用抹刀沿各试模壁插捣，并使混凝土拌和物高出试模口。(3)试模应附着或固定在振动台上，振动时试模不得有任何跳动，振动应持续到表面出浆为止，不得过振。 用人工插捣制作试件应按下述方法进行：(1)混凝土拌和物分两层装入模内，每层的装料厚度大致相等。(2)插捣应按螺旋方向从边缘向中心均匀进行。在插捣底层混凝土时，捣棒应达到试模底部；插捣上层时，捣棒应贯穿上层后插入下层 20～30 mm；插捣时捣棒应保持垂直，不得倾斜。再用抹刀沿试模内壁插拔数次。(3)每层插捣次数按在 10 000 mm^2 截面积内不得少于 12 次。(4)插捣后应用橡皮锤轻轻敲击试模四周，直至插捣棒留下的空洞消失为止。(5)刮除试模上口多余的混凝土，待混凝土临近初凝时，用抹刀抹平	将试验室拌制的混凝土在 15 min 装入试模成型。根据混凝土拌和物的稠度确定混凝土成型方法，坍落度不大于 70 mm 的混凝土宜用振动振实；大于 70 mm 的宜用捣棒人工捣实；检验现浇混凝土或预制构件的混凝土，试件成型方法宜与实际采用的方法相同	
6	试件的养护：(1)试件成型后应立即用不透水的薄膜覆盖表面。(2)采用标准养护的试件，应在温度为(20±5) ℃的环境中静放 1～2 d，然后编号、拆模。拆模后立即放入温度为(20±2) ℃，相对湿度为 95%以上的标准养护室中养护，或在温度为(20±2) ℃的不流动的$Ca(OH)_2$饱和溶液中养护。标准养护室内的试件应放在支架上，彼此间隔 10～20 mm，试件表面应保持潮湿，并不得被水直接冲淋。(3)同条件养护试件的拆模时间可与实际构件的拆模时间相同，拆模后，试件仍需保持同条件养护	标准养护龄期为 28 d(从搅拌加水开始计时) 注意拆模前后的温湿度变化	
7	清洁整理仪器设备	良好卫生习惯的养成	

四、记录试验数据

水泥混凝土配合比设计及工作性、表观密度记录

<table>
<tr><td rowspan="2">设计条件</td><td>设计强度</td><td>使用地点和部位</td><td>施工方法</td><td>坍落度</td><td colspan="2">备　注</td></tr>
<tr><td></td><td></td><td></td><td></td><td colspan="2"></td></tr>
<tr><td colspan="7">(一)水泥：
品　种　　水泥抗压强度:抗压　　抗折　　MPa
厂　牌　　出厂日期</td></tr>
<tr><td colspan="7">(二)细集料：
类　别　　产　地
表观密度　　细度模数</td></tr>
<tr><td colspan="7">(三)粗集料：
类　别　　表观密度</td></tr>
<tr><td colspan="2">(四)配比设计(质量比),材料用量表(kg/m³)：</td><td colspan="5"></td></tr>
<tr><td colspan="2" rowspan="4">水灰比

含砂率(%)</td><td>水泥</td><td>细集料</td><td>粗集料</td><td>水</td><td>外加剂</td></tr>
<tr><td></td><td></td><td></td><td></td><td></td></tr>
<tr><td></td><td></td><td></td><td></td><td></td></tr>
<tr><td></td><td></td><td></td><td></td><td></td></tr>
<tr><td colspan="7">(五)试拌记录：
试拌日期　　年　月　日　　拌和方法：　　拌和　　插捣
实测坍落度：　　mm　　或　　稠度：　　s
棍度：　　抹面：　　黏聚性：
混凝土理论密度：　　kg/m³　　实际密度：　　kg/m³
试件养护情况:温度　　℃　　相对湿度：　　%</td></tr>
<tr><td rowspan="5">试件抗压强度
(MPa)</td><td>3 d</td><td>7 d</td><td>14 d</td><td>28 d</td><td colspan="2">推算的 28 d</td></tr>
<tr><td></td><td></td><td></td><td></td><td colspan="2"></td></tr>
<tr><td></td><td></td><td></td><td></td><td colspan="2"></td></tr>
<tr><td></td><td></td><td></td><td></td><td colspan="2"></td></tr>
<tr><td></td><td></td><td></td><td></td><td colspan="2"></td></tr>
</table>

试验者________　　组别________　　成绩________　　试验日期________

五、评价试验过程

以小组为单位,展示本组试验结果。根据以下评分标准进行评分。

评价内容		分值	评分		
			自我评价	小组评价	教师评价
材料准备	水泥是否在保质期内，按混凝土配合比量准备	20			
	砂是否经烘干冷却至室温，并按混凝土配合比量分装准备				
	碎石是否经烘干冷却至室温，并按混凝土配合比量分装准备				
	水等按混凝土初步配合比设计量分装准备				
仪器检查准备	试验前准备正确、完整	20			
	坍落度筒、容量筒、底板湿布擦干，机械搅拌是否用少量砂浆进行涮膛				
	混凝土试模是否完好				
	天平、台秤是否水平				
试验操作	砂称样正确	25			
	有无漏砂、湿砂现象				
	容量瓶加水超刻度线过多				
	眼睛是否与刻度线平齐				
	容量瓶称量时有无抹干				
试验结果	数据的取值	25			
	计算公式				
	结果评定				
	是否有涂改				
	试验报告完整				
安全文明操作	遵守安全文明试验规程	10			
	试验完成后认真清理仪器设备及现场				
扣分及原因分析					
合　计					

子项目3　水泥混凝土抗压强度试验

3.1　水泥混凝土抗压强度试验前的准备

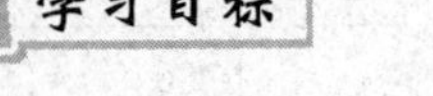

学习目标

1. 明确水泥混凝土抗压强度检测的试验目的。
2. 熟悉水泥混凝土抗压强度试验所使用的仪器设备。
3. 熟悉水泥混凝土抗压强度检测标准，牢记试验步骤。
4. 能根据任务要求和试验步骤，合理制定工作计划。

一、写出水泥混凝土抗压强度最新检测标准名称和代号

二、学习水泥混凝土抗压强度检测的有关知识

水泥混凝土抗压强度，是按标准方法制作的150 mm×150 mm×150 mm立方体试件，在温度为(20±2) ℃及相对湿度为95%以上的标准养护室中养护，或在温度为(20±2) ℃的不流动的$Ca(OH)_2$饱和溶液中养护至28 d后，用标准试验方法测试，并按规定计算方法得到的强度值。

混凝土强度等级＜C60时，用非标准试件测得的强度值均应乘以尺寸换算系数，200 mm×200 mm×200 mm试件为1.05，100 mm×100 mm×100 mm试件为0.95。当混凝土强度等级≥C60时，宜采用标准试件；使用非标准试件时，尺寸换算系数应由试验确定。

三、认识水泥混凝土抗压强度检测的主要仪器设备(见图3.79、图3.80)

图3.79 游标卡尺

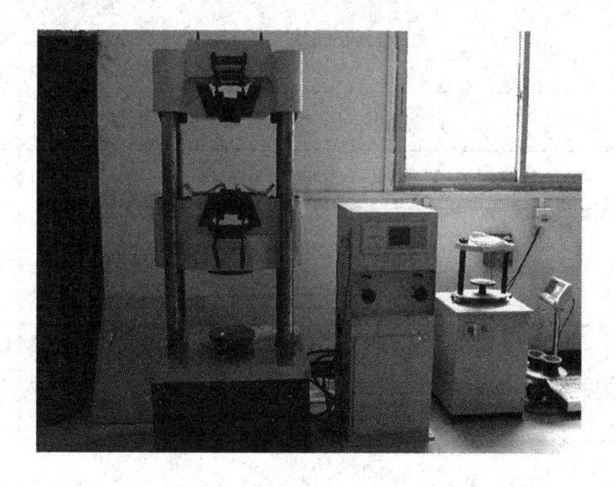

图3.80 万能材料试验机

四、制定小组试验工作计划

查阅相关试验标准，了解试验任务的基本步骤，根据任务要求，结合试验室仪器设备的实际情况，制定小组试验工作计划。

水泥混凝土抗压强度试验工作计划

1.人员分工

(1)小组负责人：__________________。

(2)小组成员及分工。

姓　名	分　工

2. 工具及材料清单

序　号	工具或材料名称	单　位	数　量	备　注

五、评价试验准备情况

以小组为单位,展示本组制定的试验工作计划,在教师点评的基础上对试验计划进行修改完善,并根据以下评分标准进行评分。

评价内容	分值	评　分		
		自我评价	小组评价	教师评价
计划制定是否有条理	10			
计划是否全面、完善	10			
人员分工是否合理	10			
任务要求是否明确	20			
工具清单是否正确、完整	20			
材料清单是否正确、完整	20			
团结协作	10			
合　计				

3.2　水泥混凝土抗压强度试验及试验报告完成

1. 能正确使用万能材料试验机。
2. 能准确完成试验操作并判断处理试验操作过程中出现的异常问题。
3. 能将试验仪器设备正确归位并清理现场。
4. 能正确填写试验报告并判定试验结果。

一、准备好试验材料

按标准方法制作和养护的150 mm×150 mm×150 mm立方体试件。

二、检查试验仪器的完好性

(1)压力试验机:符合《液压式压力试验机》(GB/T __________)及《试验机通用技术要求》(GB/T __________)中技术要求外,压力机的精确度(示值的相对误差)应在±1%,试件破坏荷载应大于压力机全量程的20%且小于压力机全量程的80%。

应具有加荷速度指示装置或加荷速度控制装置,并应能均匀、连续地加荷。应具有有效期内的计量检定证书。

混凝土强度等级≥C60时,试件周围应设防崩裂网罩。压力试验机上、下压板承压面的平面度公差为0.04 mm;表面硬度不小于55HRC;硬化层厚度约为5 mm。否则试验机上、下压板与试件之间应各垫以符合要求的钢垫板。

(2)钢尺:精度1 mm。

(3)台秤:称量100 kg,分度值为1 kg。

三、试验步骤

步骤	操作步骤	技术要点提示	操作记录及心得体会
1	试件从养护地点取出后应及时进行试验,将试件表面与上下承压板面擦干净	用游标卡尺量取试件的长宽高。试件尽快试验,以免试件内部的湿度发生显著变化	
2	将试件安放在试验机的下压板或垫板上,试件的承压面应与成型时的顶面垂直。试件的中心应与试验机下压板中心对准,开动试验机,当上压板与试件或钢垫板接近时,调整球座,使接触均衡	选择试件两个上下光滑的面来承压(不要选择刮平面),为什么	
3	在万能材料试验机程序控制菜单上设定混凝土抗压强度试验		
4	在试验过程中连续均匀地加荷。当混凝土强度等级<C30时,加荷速度为0.3~0.5 MPa/s;当混凝土强度等级≥C30且<C60时,加荷速度为0.5~0.8 MPa/s;当混凝土强度等级≥C60时,加荷速度为0.8~1.0 MPa/s	注意混凝土等级与加荷速度的关系,想一想,加荷速度过大时混凝土测得的强度与实测值相比如何	
5	当试件接近破坏而开始急剧变形时,应停止调整试验机油门,直至破坏。然后记录破坏荷载	试验机控制画面上显示卸载时,立即关闭送油阀、电机,打开回油阀	
6	试验结果的计算与评定: 以3个试件测值的算术平均值作为该组试件的强度值(精确至0.1 MPa)。3个测值中的最大值和最小值有一个与中间值的差值超过中间值的15%,则把最大值及最小值一并舍弃,取中间值作为该组试件的抗压强度值;如最大值和最小值与中间值的差均超过中间值的15%,则该组试验结果无效	混凝土立方体抗压强度应按下式计算: $f_{cc}=F/A$ 式中 f_{cc}——混凝土立方体试件抗压强度(MPa); F——极限荷载(N); A——试件承压面积(mm^2)。 混凝土立方体抗压强度计算应精确至0.1 MPa	
7	清洁整理仪器设备	良好卫生习惯的养成	

四、记录试验数据

水泥混凝土立方体抗压强度试验记录

试件编号	制备日期	试验日期	龄期(d)	最大荷载 F(N)	试件尺寸(mm)	试件截面面积 A(mm^2)	抗压强度		换算系数	换算后 f_{cci}(MPa)
							个别值 f_{cci}(MPa)	代表值(MPa)		

试验者________ 组别________ 成绩________ 试验日期________

五、评价试验过程

以小组为单位,展示本组试验结果。根据以下评分标准进行评分。

评价内容		分值	评分		
			自我评价	小组评价	教师评价
材料准备	试件各边长、直径和高的尺寸公差不超过 1 mm	20			
	试件的平整度				
	试件的个数				
	试件从养护水中取出立即擦干				
仪器检查准备	试验前准备正确、完整	20			
	试验机液压杆上下正常				
	试验机承压板可调节				
	试验机控制系统正常				
试验操作	试件承压面基本光滑	25			
	试件与上下承压板接触均衡				
	试验机菜单设置正确				
	送油阀、回油阀操作顺序正确				
	加荷速度正确				
试验结果	数据的取值	25			
	计算公式				
	结果评定				
	是否有涂改				
	试验报告完整				
安全文明操作	遵守安全文明试验规程	10			
	试验完成后认真清理仪器设备及现场				
扣分及原因分析					
合　计					

子项目4　水泥混凝土配合比设计及检测项目总结与评价

1. 能以小组形式，对学习过程和实训成果进行汇报总结。
2. 完成对学习过程的综合评价。

一、工作总结

以小组为单位，选择演示文稿、展板、海报、录像等形式中的一种或几种，向全班展示，汇报学习成果。

二、综合评价

评价项目	评价内容	评价标准	评价方式		
			自我评价	小组评价	教师评价
职业素养	安全意识、责任意识	A. 作风严谨、自觉遵章守纪、出色完成试验任务 B. 能够遵守规章制度、较好地完成试验任务 C. 遵守规章制度、没完成试验任务或完成试验任务但忽视规章制度 D. 不遵守规章制度、没完成试验任务			
	学习态度主动	A. 积极参与教学活动，全勤 B. 缺勤达本任务总学时的10% C. 缺勤达本任务总学时的20% D. 缺勤达本任务总学时的30%			
	团队合作意识	A. 与同学协作融洽、团队合作意识强 B. 与同学能沟通、协同试验能力较强 C. 与同学能沟通、协同试验能力一般 D. 与同学沟通困难、协同试验能力较差			
专业能力	学习活动明确学习任务	A. 按时、完整地完成工作页，问题回答正确 B. 按时、完整地完成工作页，问题回答基本正确 C. 未能按时完成工作页，或内容遗漏、错误较多 D. 未完成工作页			
	学习活动试验前的准备	A. 学习活动评价成绩为90～100分 B. 学习活动评价成绩为75～89分 C. 学习活动评价成绩为60～74分 D. 学习活动评价成绩为0～59分			
	学习活动试验及试验报告完成	A. 学习活动评价成绩为90～100分 B. 学习活动评价成绩为75～89分 C. 学习活动评价成绩为60～74分 D. 学习活动评价成绩为0～59分			
创新能力		学习过程中提出具有创新性、可行性的建议	加分奖励		
班级			学号		
姓名			综合评价等级		
指导教师			日期		

学习模块四　石油沥青及其检测

目标要求

1. 能通过情境描述和现场勘察，明确试验工作任务要求。
2. 能通过学习牢固掌握石油沥青基本知识及技术性质。
3. 能根据任务要求和实际情况，合理制定试验工作计划。
4. 能正确完成石油沥青三大常规指标的试验。
5. 能准确填写试验报告，并正确评价石油沥青材料的质量及用途。

情境描述

贵阳某民用住宅楼于当年的8月份封顶，在楼顶铺设沥青防水材料，施工队买了牌号为10的石油沥青防水卷材在白天进行防水处理施工，你认为对吗？为什么？请分析。

学习流程与活动

1. 明确试验工作任务。
2. 试验前的准备。
3. 试验材料检测及报告完成。
4. 总结与评价。

学习项目一　明确学习任务

学习目标

1. 认识石油沥青、石油沥青防水卷材的外观及用途。
2. 清楚石油沥青的组成和结构。
3. 掌握石油沥青主要技术性质及技术标准。
4. 能准确记录试验室工作现场的环境条件。
5. 熟炼掌握石油沥青的三大指标检测过程。

学习过程

一、认识沥青材料(见图 4.1～图 4.3)

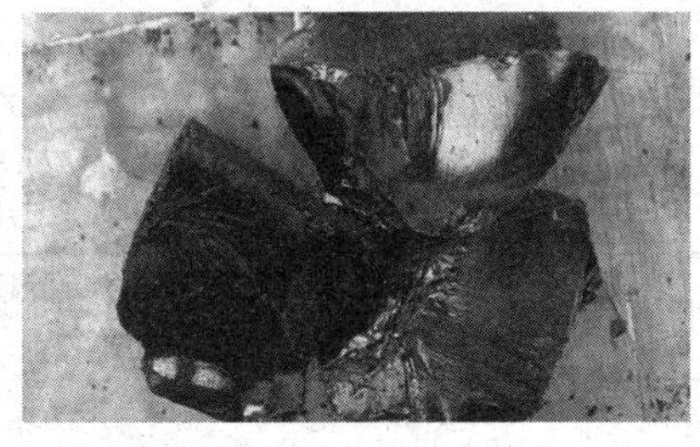

图 4.1　固体沥青一　　图 4.2　固体沥青二　　图 4.3　液体沥青

沥青材料是由一些极其复杂的高分子碳氢化合物及其非金属(氧、硫、氮)衍生物组成的混合物。沥青在常温下一般呈固体或半固体,也有少数品种的沥青呈黏性液体状态,可溶于二硫化碳、四氯化碳、三氯甲烷和苯等有机溶剂,颜色为黑褐色或褐色。

想一想:在生活中石油沥青常用于哪些地方(见图 4.4～图 4.8)?

石油沥青则是将石油原油分馏出各种产品后的残渣加工而成的。我国天然沥青很少,故石油沥青是使用量最大的一种沥青材料。它具有良好的憎水性、黏结性和塑性,可用以防水、防潮。

图 4.4　沥青防水材料铺设

图 4.5　沥青路面铺设

图 4.6　沥青防水卷材施工

图 4.7　沥青防水卷材一

图 4.8　沥青防水卷材二

二、掌握石油沥青的组成和结构

1. 石油沥青的组成

(1)三组分分析法(表 4.1)

表 4.1　石油沥青三组分分析法的各组分的性状

组分＼性状	外观特征	平均分子量 M_w	碳氢比 C/H	物化特征
油　分	淡黄色透明液体	200～700	0.5～0.7	几乎可溶解于大部分有机溶剂,具有光学活性,常发现有荧光,相对密度为 0.910～0.925
树　脂	红褐色黏稠半固体	800～3 000	0.7～0.8	温度敏感性高,熔点低于 100 ℃,相对密度大于 1.00
沥青质	深褐色固体末微粒	1 000～5 000	0.8～1.0	加热不溶化,分解为硬焦碳使沥青呈黑色

油分使沥青具有流动性;树脂使沥青具有塑性;沥青质能提高沥青的黏结性和热稳定性。因我国富产石蜡基和中间基沥青,在油分中往往含有蜡,由于沥青中蜡的存在,在高温时使沥青容易发软,导致沥青的高温稳定性降低,出现车辙;同样,低温时会使沥青变得脆硬,导致路面低温抗裂性降低,出现裂缝。此外,蜡会使沥青与石料黏附性降低,在水分作用下,会使路面集料与沥青产生剥落现象,造成路面破坏;更严重的是,含蜡沥青会使路面的抗滑性降低,影响路面的行车安全。

(2)四组分分析法(表 4.2)

表 4.2　石油沥青四组分分析法的各组分的性状

<table>
<tr><th colspan="2">组分＼性状</th><th>外观特征</th><th>平均分子量 M_w</th><th>碳氢比 C/H</th><th>物化特征</th></tr>
<tr><td colspan="2">沥青质</td><td>深褐色固体末微粒</td><td>1 000～5 000</td><td><1.0</td><td>提高热稳定性和黏滞性</td></tr>
<tr><td>饱和分</td><td rowspan="2">相当油分</td><td>无色黏稠液体</td><td rowspan="2">300～1 000</td><td rowspan="2"><1.0</td><td rowspan="2">赋予沥青流动性</td></tr>
<tr><td>芳香分</td><td>茶色黏稠液体</td></tr>
<tr><td colspan="2">胶质</td><td>红褐色至黑褐色黏稠半固体</td><td>500～1 000</td><td>≈1.0</td><td>赋予胶体稳定性,提高黏附性及可塑性</td></tr>
<tr><td colspan="2">蜡(石蜡和地蜡)</td><td>白色结晶</td><td>300～1 000</td><td><1.0</td><td>破坏沥青结构的均匀性,降低塑性</td></tr>
</table>

2. 石油沥青的结构

由于沥青中各组分的化学组成和相对含量的不同,可以形成不同的胶体结构。沥青的胶体结构,可以分为下列 3 个类型:

(1)溶胶型结构。沥青质含量较少(<10%),油分及树脂含量较多,胶团外薄膜较厚,胶团相对运动较自由[见图 4.9(a)]。这种结构沥青黏滞性小、流动性大、塑性好,开裂后自行越合能力强,但温度稳定性较差,是典型液体沥青结构的特征。

(2)溶—凝胶型结构。当沥青质含量适当时(15%～25%),又含适量的油分及树脂,胶团的浓度增加,胶团间具有一点的吸引力,它介于溶胶型结构和凝胶型结构之间,称为溶—凝胶型结构[见图 4.9(b)]。这类沥青在高温时温度稳定性好,低温时的变形能力也好,现代高级路面所用的沥青,都应属于这类胶体结构类型。

(3)凝胶型结构。油分及树脂含量较少,沥青质含量较多(>30%),胶团外膜较薄,胶团靠近团聚,胶团相互吸引力增大,相互移动困难[见图 4.9(c)]。这种结构的特点是弹性和黏性较高,温度敏感性较小,流动性、塑性较低。

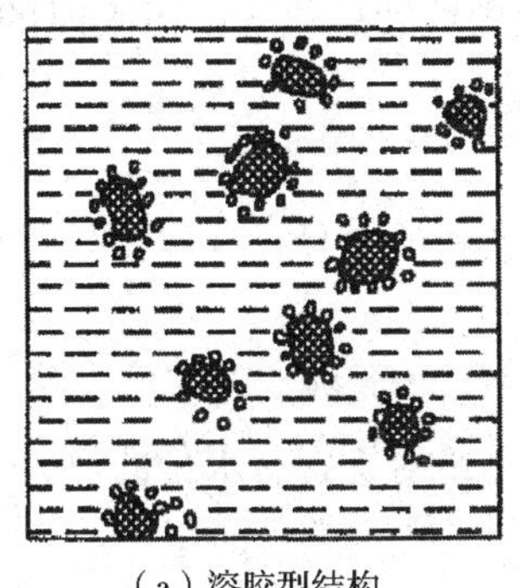

(a)溶胶型结构

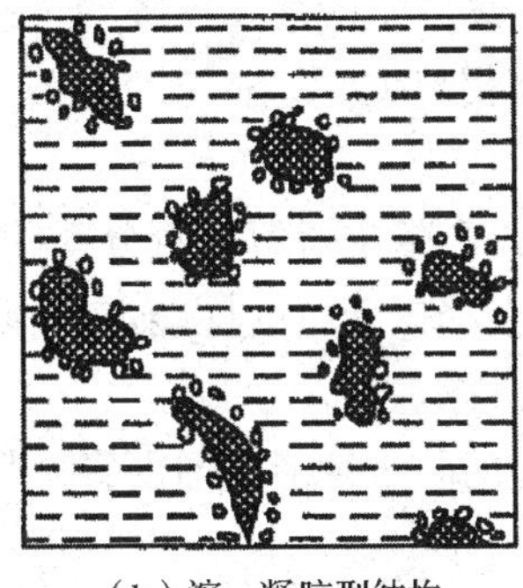

(b)溶—凝胶型结构

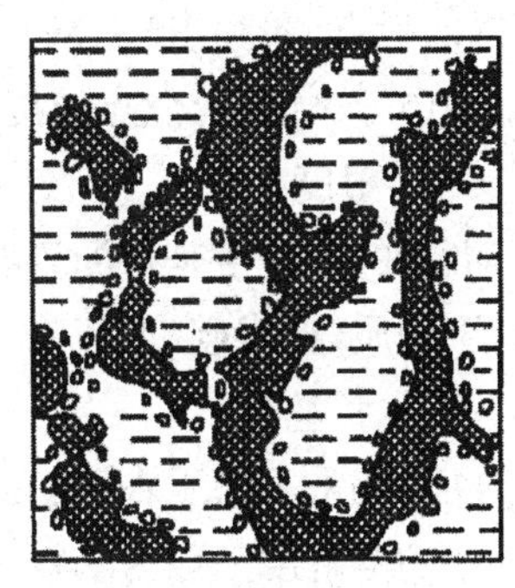

(c)凝胶型结构

图 4.9　沥青的胶体结构示意图

三、学习石油沥青的技术性质

1. 黏滞性(黏性)

黏滞性是指沥青在外力作用下抵抗变形的能力。在一定温度范围内,当温度升高时,黏滞性随之降低,反之则增大。

(1)针入度。是测定黏稠石油沥青黏结性的常用技术指标,采用针入度仪测定。针入度是划分沥青技术等级的主要指标。针入度值越大,表明沥青越软(稠度越小)。

(2)黏度。黏度又称黏滞度,是测定液体沥青黏结性的常用技术指标。我国液体沥青是采用黏度来划分技术等级的。

2. 塑性

塑性是指沥青在外力作用下发生变形而不被破坏的能力。沥青的延度越大,塑性越好,其柔性和抗断裂性能越好。

3. 温度稳定性(感温性)

感温性是指沥青的黏滞性和塑性,随温度升降不产生较大变化的性能。当温度升高时,沥青由固态或半固态逐渐软化成黏流状态;当温度降低时由黏流状态转变为半固态或固态,甚至变脆。温度稳定性高的沥青,使用时不易因夏季高温而软化,也不易因冬季低温而变脆。在工程上使用的沥青,要求具有良好的温度稳定性。

(1)高温敏感性用软化点表示沥青材料由固体状态变为具有一定流动性时的温度为软化点。

(2)低温抗裂性用脆点表示。脆点是指沥青材料由黏稠状态转变为固体状态达到条件脆裂时的温度。

在工程实际应用中,要求沥青具有较高的软化点和较低的脆点,否则容易发生沥青材料夏季流淌或冬季变脆甚至开裂等现象。

4. 加热稳定性

沥青在加热或长时间的加热过程中,会发生轻馏分挥发、氧化、裂化、聚合等一系列物理及化学变化,使沥青的化学组成及性质相应的发生变化,这种性质称为沥青热稳定性。

5. 安全性

(1)闪点(闪火点)。加热沥青挥发的可燃气体与空气组成混合气体在规定条件下与火接触,产生闪光时的沥青温度(℃)。

(2)燃点(着火点)。指沥青加热产生的混合气体与火接触能持续燃烧 5 s 以上时的沥青温度(℃)。闪点、燃点温度一般相差 10 ℃左右。

6. 溶解度

沥青的溶解度是指沥青在三氯乙烯中溶解的百分率(即有效物质含量)。不溶解的物质为有害物质(沥青碳,似碳物),它会降低沥青的性能,应加以限制。

7. 含水率

沥青几乎不溶于水,具有良好的防水性能。但沥青材料不是绝对不含有水分的,水在纯沥青中的溶解度一般为 0.001~0.019。

如沥青中含有水分,施工中挥发太慢,影响施工速度,所以要求沥青中含水量不宜过多。在加热过程中,如水分过多,易产生“溢锅”现象,引起火灾,使材料损失。所以,在熔化沥青时应加快搅拌速度,促进水分蒸发,控制加热温度。

8. 针入度指数

荷兰学者普费(Pfeiffer)等研究提出,应用经验的针入度和软化点得到的试验结果,找出其中的变化规律以便能表征沥青的感温性和胶体结构的指标,称“针入度指数”(P.I.)。

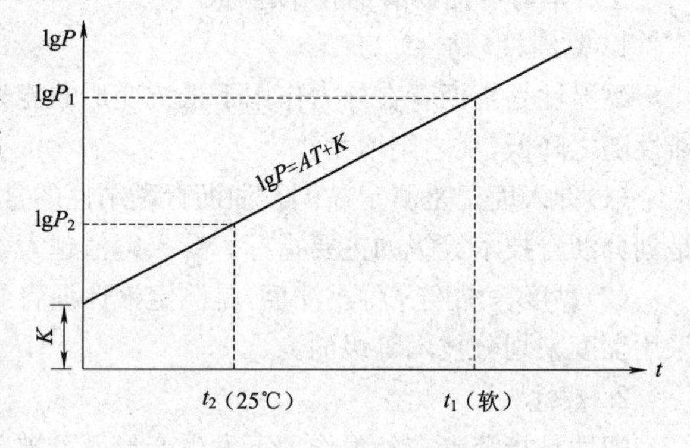

图 4.10 针入度-温度关系图

沥青在不同温度下的针入度值,若以针入度的对数为纵坐标,以温度为横坐标,可得到如图 4.10 所示的直线关系,以下式表示:

$$\lg P = AT + K \tag{4.1}$$

式中 A——针入度温度感应性系数,由针入度和软化点确定;

K——截距;

T——针入度(25 ℃)和软化点温度。

为工程使用方便,通常采用针入度指数法划分沥青胶体结构类型(表 4.3)。

表 4.3 沥青的针入度指数和胶体结构类型

沥青的针入度指数	沥青胶体结构类型	沥青的针入度指数	沥青胶体结构类型	沥青的针入度指数	沥青胶体结构类型
<−2	溶液	−2~+2	溶凝胶	>+2	凝胶

9. 黏附性

黏附性是路用沥青重要性能之一。它直接影响沥青路面的使用质量和耐久性。沥青裹覆石料后的抗水性(即抗剥性)不仅与沥青的性质有密切关系,而且与集料性质有关。当采用一种固定的沥青时，不同矿物成分的石料的剥落度也有所不同。从碱性、中性直至酸性石料，随着 SiO_2 含量的增加，剥落度亦随之增加。为保证沥青混合料的强度，在选择石料时应优先考虑利用碱性石料。

10. 老化

沥青在自然因素(热、氧化、光和水)的作用下，产生“不可逆”的化学变化，导致路用性能劣化，通常称之为“老化”。

沥青在使用过程中，由于长时间受阳光、空气和水的作用，以及沥青与矿料间的物理—化学作用，沥青分子会发生氧化和聚合作用，使低分子化合物转变为较高分子化合物。其组分转化大致如下：

油质→树脂→沥青质→沥青碳、似碳物。

沥青老化后，其化学组分改变，性质也发生改变，表现为针入度减少，延度降低，软化点升高，绝对黏度提高，脆点降低等。

四、写出石油沥青最新技术标准名称和代号(在表 4.4 中写出)

表 4.4　石油沥青技术标准表

指　标	建筑石油沥青________			道路石油沥青________						
	10 号	30 号	40 号	160 号	130 号	110 号	90 号	70 号	50 号	30 号
针入度(25 ℃,100 g,5 s)(0.1 mm)	10～25	26～35	36～50	140～200	120～140	100～120	80～100	60～80	40～60	20～40
软化点(R&B)(℃),≥	95	75	60	38	40	43	45	46	49	55
15 ℃延度(cm),≥	1.5	2.5	3.5	80	80	60	50	40	40	40
闪点(℃),≥	230			230			260			
溶解度(%),≥	99.5			99.5						

五、了解改性沥青

改性沥青是指沥青中掺加橡胶、树脂、高分子聚合物、磨细的橡胶粉及其他填料等外掺剂(改性剂)，或采用对沥青轻度氧化加工等措施，使沥青的性能得以改善。

(1)热塑性橡胶类改性沥青。如苯乙烯—丁二烯—苯乙烯(SBS)。

(2)橡胶类改性沥青。通常称为橡胶沥青，其中使用最多的是丁苯橡胶(SBR)和氯丁橡胶(CR)。

(3)热塑性树脂类改性沥青。如聚乙烯(PE)，聚丙烯(PP)，聚氯乙烯(PVC)，无规聚丙烯(APP)。

根据沥青改性的目的和要求在选择改性剂时，可做如下初步选择：

①为提高抗永久变形能力，宜使用热塑性橡胶类、热塑性树脂类改性剂。

②为提高抗低温开裂能力，宜使用热塑性橡胶类、橡胶类改性剂。

③为提高抗疲劳开裂能力，宜使用热塑性橡胶类、橡胶类、热塑性树脂类改性剂。

④为提高抗水损害能力，宜使用各类抗剥落剂等外掺剂。

SBS改性沥青无论在高温、低温、弹性等方面都优于其他改性剂，所以，我国改性沥青的发展方向应该以SBS改性沥青作为主要方向。尤其是现在，SBS的价格比以前有了大幅度的降低，就成本这一项，它就可以和PE、EVA竞争。明确这一点对于我国发展改性沥青十分重要。

六、学会选用不同的防水材料

防水材料主要用于建筑物的屋面防水、地下防水及其他防止渗透的工程部位。

建筑防水材料的分类：____

____

防水卷材是一种可卷曲的片状防水材料。沥青防水卷材是传统的防水材料（俗称油毡），在国内外使用的历史很长，至今仍是一种用量很多的防水材料。其成本较低，但性能较差，使用寿命较短，防水材料已由石油沥青向改性沥青材料和合成高分子材料发展。防水卷材也由传统的石油沥青防水卷材向改性沥青防水卷材和合成高分子防水卷材发展。

石油沥青的选用应根据工程类别（如房屋、道路或防腐）、当地气候条件、所处工程部位（如屋面、基础）等具体情况，合理选用不同品种和牌号的沥青，在满足使用要求的前提下，尽量选用较高牌号的石油沥青，以保证较长的使用年限。

对于屋面工程所用的沥青材料，在选用沥青牌号时应主要考虑耐热性要求，并适当考虑屋面的坡度。为避免夏季流淌，沥青软化点应比当地屋面可能达到的最高温度高出20～25 ℃，即当地最高气温高出50 ℃左右。一般地区可选用30号的石油沥青，夏季炎热地区以选用10号石油沥青。但严寒地区一般不宜使用10号石油沥青，以防止冬季出现脆裂现象。地下防水防潮层，可选用30号或40号石油沥青。

想一想：根据石油沥青的选用原则和建筑石油沥青技术标准，结合施工情境描述，当时施工队选用牌号为10的石油沥青防水卷材合适吗？

____

____

____

____

____

七、写出《沥青取样法》(GB/T 11147—2010)中石油沥青的取样方法

____

____

____

____

____

八、记录试验室温湿度(见图 4.11)

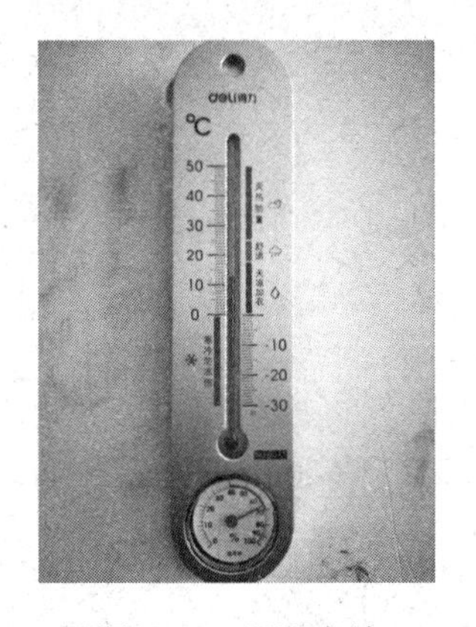

图 4.11　温湿度计

温度:____________湿度:__________

学习项目二　沥青针入度试验

2.1　沥青针入度试验前的准备

1. 明确沥青针入度检测的试验目的。
2. 熟悉沥青针入度检测指标所使用的仪器设备。
3. 熟悉沥青针入度检测标准,牢记试验步骤。
4. 能根据任务要求和试验步骤,合理制定工作计划。

一、写出沥青针入度最新检测标准名称和代号

____

____

二、学习沥青针入度检测的有关知识

沥青的针入度是测定黏稠石油沥青黏结性的常用技术指标,是在规定温度和时间内,附加一定质量的标准针垂直穿入试样的深度,单位为 0.1 mm。

标准针和针连杆组合件的总质量为(50±0.05)g,另加(50±0.05) g 的砝码一个,试验时总质量(100±0.05) g,试验温度为 25 ℃,标准针为贯入时间 5 s。例如:某沥青在上述条件时测得针入度为 65(0.1 mm),可表示为式(4.2):

$$p(25\ ℃,100\ g,5\ s)=65(0.1\ mm) \tag{4.2}$$

我国现行使用的黏稠沥青技术标准中,针入度是划分沥青技术等级的主要指标。针入度值越大,表明沥青越软(稠度越小)。

三、认识沥青针入度检测的仪器设备(见图 4.12～图 4.18)

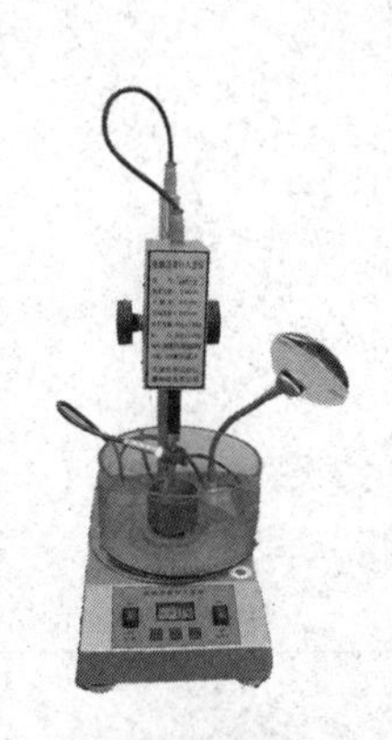

图 4.12　沥青针入度仪

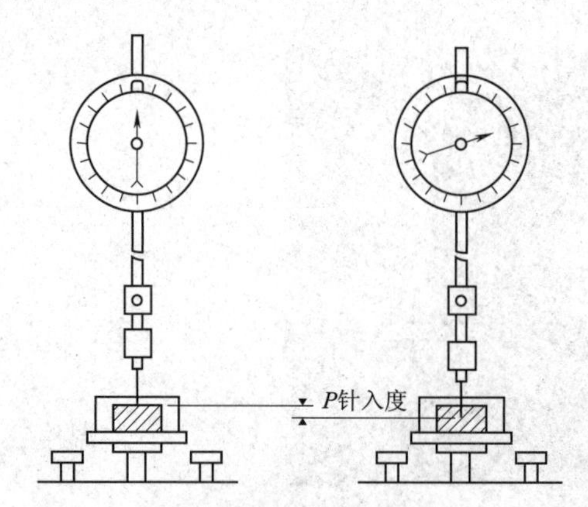

图 4.13　针入度法测定黏稠沥青针入度示意图

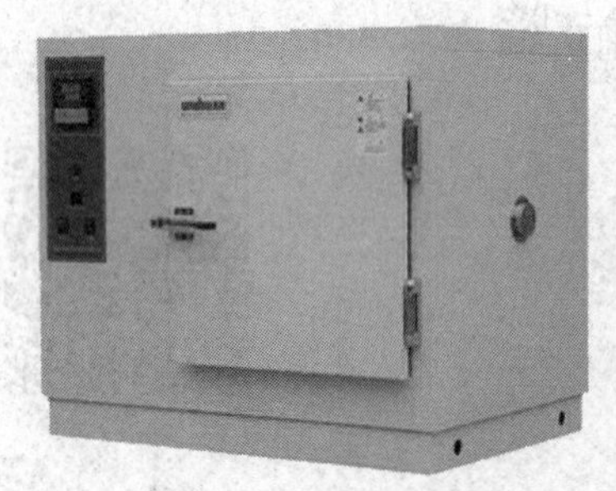

图 4.14　烘箱

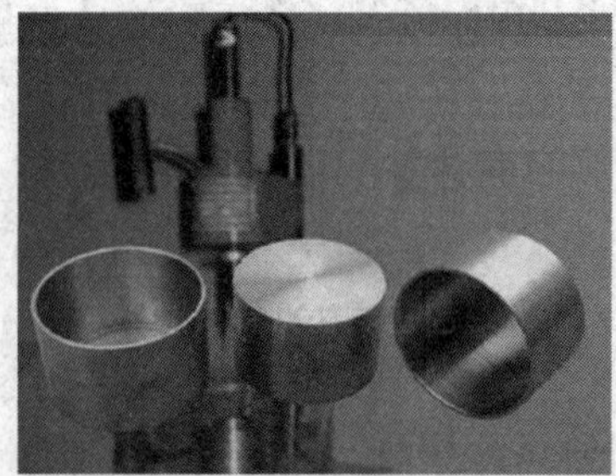

图 4.15　盛样皿

图 4.16　电炉

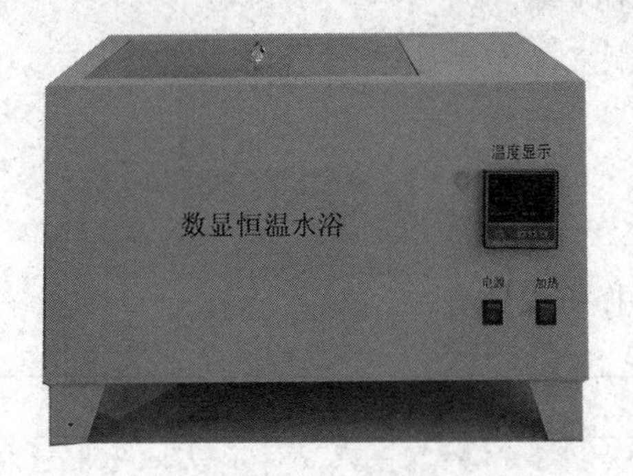

图 4.17　恒温水浴

图 4.18　三氯乙烯

四、制定小组试验工作计划

查阅相关试验标准,了解试验任务的基本步骤,根据任务要求,结合试验室仪器设备的实际情况,制定小组试验工作计划。

沥青针入度试验工作计划

1. 人员分工

(1)小组负责人:＿＿＿＿＿＿＿＿＿＿＿＿。

(2)小组成员及分工。

姓　　名	分　　工

2. 工具及材料清单

序　　号	工具或材料名称	单　　位	数　　量	备　　注

五、评价试验准备情况

以小组为单位,展示本组制定的试验工作计划,在教师点评的基础上对试验计划进行修改完善,并根据以下评分标准进行评分。

评 价 内 容	分值	评　　分		
		自我评价	小组评价	教师评价
计划制定是否有条理	10			
计划是否全面、完善	10			
人员分工是否合理	10			
任务要求是否明确	20			
工具清单是否正确、完整	20			
材料清单是否正确、完整	20			
团结协作	10			
合　　计				

2.2　沥青针入度试验及试验报告完成

1. 能制作沥青针入度试件,正确使用沥青针入度测定仪。
2. 能正确判断并处理试验操作过程中出现的异常问题。

3. 能正确清洗试验仪器，将仪器归位并清理现场。

4. 能正确填写试验报告并判定试验结果。

一、制作针入度试验沥青试件

(1)将装有试样的盛样器带盖放入恒温烘箱中，当石油沥青试样含有水分时，烘箱温度80 ℃左右，加热至沥青全部熔化后供脱水用。当石油沥青中无水分时，烘箱温度通常为135 ℃。对取来的沥青试样不得直接用电炉或煤气炉加热使用。

将试样器中的沥青通过 0.6 mm 的滤筛过滤，不等冷却立即灌入各项试验的模具中。

在沥青灌模过程中如温度下降可放入烘箱中适当加热，试样冷却后反复加热的次数不得超过 2 次，以防沥青老化影响试验结果。注意在沥青灌模时不得反复搅动沥青，应避免混进气泡。

灌模剩余的沥青应立即清洗，不得重复使用。

(2)按试验要求将恒温水槽调节到要求的试验温度 25 ℃，或 15 ℃、30 ℃(5 ℃)，保持稳定。

(3)将试样注入盛样皿中，试样高度应超过预计针入度值 10 mm，并盖上盛样皿盖，以防落入灰尘。盛有试样的盛样皿在 15～30 ℃室温中冷却不少于 1.5h(小盛样皿)、2h(大盛样皿)或 3 h(特殊盛样皿)后，应移入保持规定试验温度±0.1 ℃的恒温水槽中，并应保温不少于 1.5 h(小盛样皿)、2 h(大盛样皿)或 2.5 h(特殊盛样皿)。

二、检查试验仪器的完好性

(1)针入度仪：凡能保证针和针连杆在无明显摩擦下垂直运动，并能使指示针贯入深度准确至 0.1 mm 的仪器均可使用。针和针连杆组合件总质量为(50±0.05) g，另附(50±0.05) g 砝码 1 只，试验时总质量为(100±0.05) g。当采用其他试验条件时，应在试验结果中注明。仪器设有放置平底玻璃保温皿的平台，并有调节水平的装置，针连杆应与平台相垂直。仪器设有针连杆制动按钮，使针连杆可自由下落。针连杆易于装拆，以便检查其质量。仪器还设有可自由转动与调节距离的悬臂，其端部有一面小镜或聚光灯泡，借以观察针尖与试样表面接触情况。当使自动针入度仪时，各项要求与此项相同，温度采用温度传感器测定，针入度值采用位移计测定，并能自动显示或记录，且应对自动装置的准确性经常校验。为提高测试精密度，不同温度的针入度试验宜采用自动针入度仪进行。

(2)标准针：由硬化回火的不锈钢制成，洛氏硬度 HRC＝54～60，表面粗糙度 Ra＝0.2～0.3 μm，针及针杆总质量(2.5±0.05) g，针杆上应打印有号码标志，针应设有固定用装置盒(筒)，以免碰撞针尖，每根针必须附有计量部门的检验单，并定期进行检验。

(3)盛样皿：金属制，圆柱形平底。小盛样皿的内径 55 mm，深 35 mm(适用于针入度小于 200)；大盛样皿内径 70 mm，深 45 mm(适用于针入度为 200～350)；对针入度大于350 的试样须使用特殊盛样皿，其深度不小于 60 mm，试样体积不少于 125 mL。

(4)恒温水槽：容量不小于 10 L，控温的准确度为 0.1 ℃。水槽中应设有一带孔的搁架，位于水面下不得少于 100 mm，距水槽底不得少于 50 mm 处。

(5)平底玻璃皿：容量不少于 1 L，深度不少于 80 mm，内设有一不锈钢三脚支架，能使盛样皿稳定。

(6)温度计或温度传感器:精度为 0.1 ℃。
(7)计时器:精度为 0.1 s。
(8)盛样皿盖:平板玻璃,直径不小于盛样皿开口尺寸。
(9)溶剂:三氯乙烯等。
(10)位移计或位移传感器:精度为 0.1 mm。
(11)其他:电炉或砂浴、石棉网、金属锅或瓷把坩埚等。

三、试验步骤

步骤	操作步骤	技术要点提示	操作记录及心得体会
1	按规定的方法准备试样 按试验要求将恒温水槽调节到要求的试验温度 25 ℃,保持稳定 将试样注入盛样皿中,试样高度应超过预计针入度值 10 mm,并盖上盛样皿盖,以防落入灰尘。盛有试样的盛样皿在 15~30 ℃室温中冷却不少于 1.5 h后,移入保持规定试验温度±0.1 ℃的恒温水槽中,并应保温不少于 1.5 h 调整针入度仪使之水平。检查针连杆和导轨,以确认无水和其他外来物,无明显摩擦。用三氯乙烯或其他溶剂清洗标准针,并拭干。将标准针插入针连杆,用螺丝固紧。按试验条件加上附加砝码	控制时间和水温	
2	取出达到恒温的盛样皿,并移入水温控制在试验温度±0.1 ℃(可用恒温水槽中的水)的平底玻璃皿中的三脚支架上,试样表面以上的水层深度不少于10 mm		
3	将盛有试样的平底玻璃皿置于针入度仪的平台上。慢慢放下针连杆,用适当位置的反光镜或灯光反射观察,使针尖恰好与试样表面接触,将位移计复位为零		
4	开始试验,按下释放键,这时计时与标准针落下贯入试样同时开始,至 5 s时自动停止	读取刻度盘指针或位移指示器的读数,精确至 0.1 mm	
5	同一试样平行试验至少 3 次,各测试点之间及与盛样皿边缘的距离不应少于 10 mm。每次试验后应将盛样皿的平底玻璃皿放入恒温水槽,使平底玻璃皿中水温保持试验温度。每次试验应换一根干净标准针或将标准针取下用蘸有三氯乙烯溶剂的棉花或布揩净,再用干棉花或布擦干	测定针入度大于 200 的沥青试样时,至少用 3 支标准针,每次试验后将针留在试样中,直到 3 次平行试验完成后,才能将标准针取出	
6	计算试验结果:同一试样 3 次平行试验结果的最大值和最小值之差在下表允许偏差范围内时,计算 3 次试验结果的平均值,取整数作为针入度试验结果,以 0.1 mm 为单位。当试验值不符合此要求时,应重新进行	①当试验结果小于 50(0.1 mm)时,重复性试验的允许差为 2(0.1 mm),再现性试验的允许差为 4(0.1 mm) ②当试验结果等于或大于 50(0.1 mm)时,重复性试验的允许差为平均值的 4%,再现性试验的允许差为平均值的 8% ③沥青针入度试验精度要求见表 4.5	
7	清洁整理仪器设备	良好卫生习惯的养成	

表 4.5　沥青针入度试验精度要求

针入度(0.1 mm)	允许误差(0.1 mm)	针入度(0.1 mm)	允许误差(0.1 mm)
0～49	2	150～249	12
50～149	4	250～500	20

四、记录试验数据

沥青针入度试验记录

<table>
<tr><td>试样编号</td><td colspan="3"></td><td>试样来源</td><td colspan="3"></td></tr>
<tr><td>试样名称</td><td colspan="3"></td><td>初拟用途</td><td colspan="3"></td></tr>
<tr><td rowspan="2">试验次数</td><td rowspan="2">试验温度(℃)</td><td rowspan="2">试验时间(s)</td><td rowspan="2">试验荷载(N)</td><td colspan="3">指针读数</td><td rowspan="2">针入度
P_{en}(0.1 mm)</td></tr>
<tr><td>标准针穿入前</td><td>标准针穿入后</td><td>针入度</td></tr>
<tr><td>1</td><td></td><td></td><td></td><td></td><td></td><td></td><td rowspan="3"></td></tr>
<tr><td>2</td><td></td><td></td><td></td><td></td><td></td><td></td></tr>
<tr><td>3</td><td></td><td></td><td></td><td></td><td></td><td></td></tr>
<tr><td>准确度校核</td><td colspan="7"></td></tr>
</table>

试验者________　　组别________　　成绩________　　试验日期________

五、评价试验过程

以小组为单位，展示本组试验结果。根据以下评分标准进行评分。

<table>
<tr><td colspan="2" rowspan="2">评 价 内 容</td><td rowspan="2">分值</td><td colspan="3">评　分</td></tr>
<tr><td>自我评价</td><td>小组评价</td><td>教师评价</td></tr>
<tr><td rowspan="4">材料准备</td><td>按规定的方法准备试样</td><td rowspan="4">20</td><td rowspan="4"></td><td rowspan="4"></td><td rowspan="4"></td></tr>
<tr><td>准备好的试样是否放在 15～30 ℃室温中冷却不少于 1.5 h</td></tr>
<tr><td>准备做试验的试样是否放在 25 ℃的恒温水槽 1.5 h 以上</td></tr>
<tr><td>三氯乙烯溶剂的准备</td></tr>
<tr><td rowspan="4">仪器检查准备</td><td>试针连杆检查</td><td rowspan="4">20</td><td rowspan="4"></td><td rowspan="4"></td><td rowspan="4"></td></tr>
<tr><td>试验针用三氯乙烯清洗擦干</td></tr>
<tr><td>玻璃器皿水温控制</td></tr>
<tr><td>针入度仪是否水平</td></tr>
<tr><td rowspan="4">试验操作</td><td>取出达到恒温的盛样皿，并移入水温控制在试验温度(25±0.1) ℃的平底玻璃皿中</td><td rowspan="4">25</td><td rowspan="4"></td><td rowspan="4"></td><td rowspan="4"></td></tr>
<tr><td>慢慢放下针连杆，用适当位置的反光镜或灯光反射观察，使针尖恰好与试样表面接触</td></tr>
<tr><td>标准针落下贯入试样 5 s</td></tr>
<tr><td>3 个测试点之间及与盛样皿边缘的距离不应少于 10 mm</td></tr>
</table>

续上表

评价内容		分值	评分		
			自我评价	小组评价	教师评价
试验操作	每次试验应换一根干净标准针或将标准针取下用蘸有三氯乙烯溶剂的棉花或布揩净，再用干棉花或布擦干	25			
试验结果	数据的取值	25			
	计算公式				
	结果评定				
	是否有涂改				
	试验报告完整				
安全文明操作	遵守安全文明试验规程	10			
	试验完成后认真清理仪器设备及现场				
扣分及原因分析					
合　计					

学习项目三　沥青延度试验

3.1　沥青延度试验前的准备

1. 明确沥青延度检测的试验目的。
2. 熟悉沥青延度检测指标所使用的仪器设备。
3. 熟悉沥青延度检测标准，牢记试验步骤。
4. 能根据任务要求和试验步骤，合理制定试验工作计划。

一、写出沥青延度最新检测标准名称和代号

____

____

二、学习沥青延度检测的有关知识

沥青的延度是由规定形状（∞字形）的沥青试样，在规定温度下，以一定的速度延伸至拉断时的长度，以 cm 表示。

沥青延度的试验温度与拉伸速率可根据要求采用，通常采用的试验温度为 25 ℃、15 ℃、10 ℃或 5 ℃，拉伸速度为(5±0.25)cm/min。当低温采用(1±0.5)cm/min 拉伸速度时，应在报告中注明。

三、认识沥青延度检测的仪器设备(见图 4.19～图 4.25)

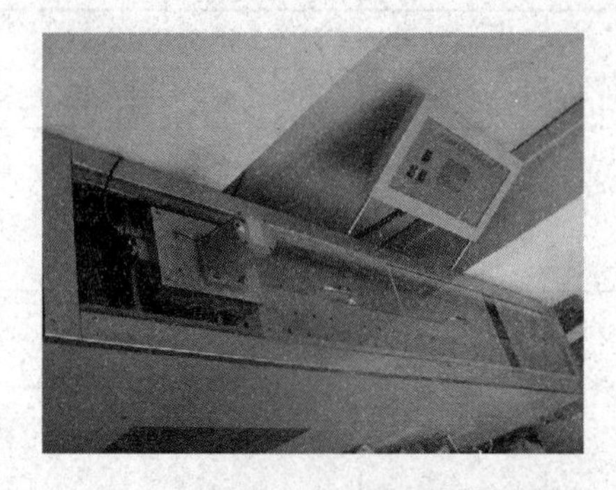

图 4.19 沥青延度仪

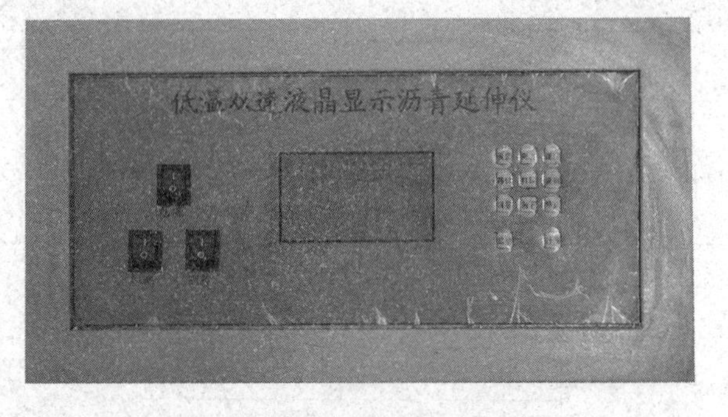

图 4.20 沥青延度仪控制面板

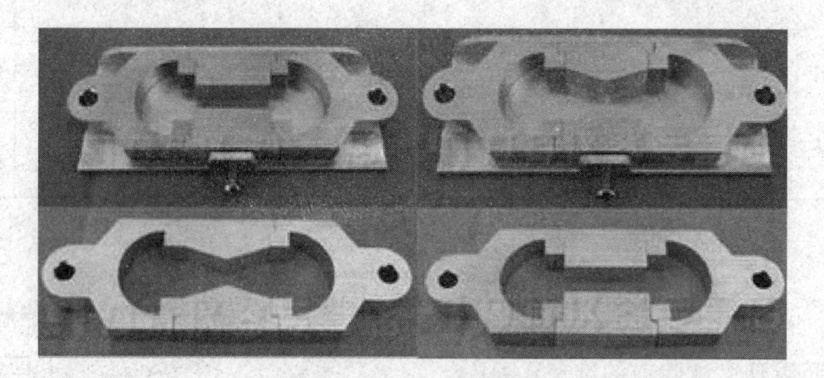

图 4.21 ∞字形试模

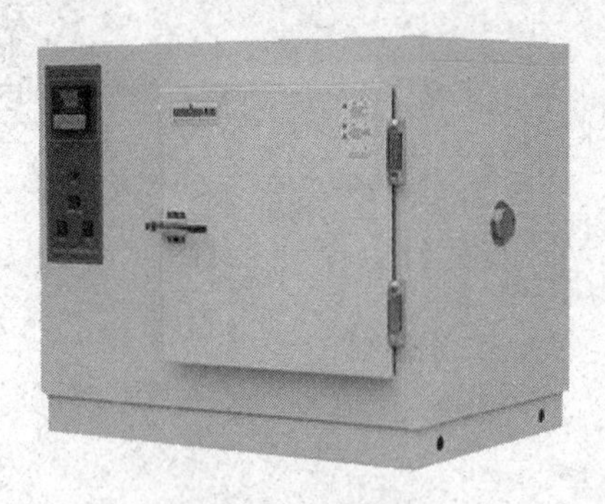

图 4.22 烘箱

图 4.23 电炉

图 4.24 恒温水槽

图 4.25 三氯乙烯

四、制定小组试验工作计划：

查阅相关试验标准，了解试验任务的基本步骤，根据任务要求，结合试验室仪器设备的实际情况，制定小组试验工作计划。

沥青延度试验工作计划

1. 人员分工

(1)小组负责人：____________________。

(2)小组成员及分工。

姓　　名	分　　工

2. 工具及材料清单

序　　号	工具或材料名称	单　　位	数　　量	备　　注

五、评价试验准备情况

以小组为单位，展示本组制定的试验工作计划，在教师点评的基础上对试验计划进行修改完善，并根据以下评分标准进行评分。

评 价 内 容	分值	评　　分		
		自我评价	小组评价	教师评价
计划制定是否有条理	10			
计划是否全面、完善	10			
人员分工是否合理	10			
任务要求是否明确	20			
工具清单是否正确、完整	20			
材料清单是否正确、完整	20			
团结协作	10			
合　　计				

3.2 沥青延度试验及试验报告完成

1. 能制作沥青延度试件,正确使用沥青延度仪。
2. 能正确判断并处理试验操作过程中出现的异常问题。
3. 能正确清洗试验仪器,将仪器归位并清理现场。
4. 能正确填写试验报告并判定试验结果。

一、制作延度试验沥青试件

将甘油滑石粉隔离剂(甘油与滑石粉的质量比为 2∶1)拌和均匀,涂于清洁干燥的试模底板和两个侧模的内侧表面,并将试模在试模底板上装妥。

同沥青针入度试验方法一样制作沥青试样,将试样器中的沥青通过 0.6 mm 的滤筛过滤,不等冷却立即灌入延度试验的∞字型模具中,将试样仔细自试模的一端至另一端往返数次缓缓注入模中,最后略高出试模,灌模时应注意勿使气泡混入。

试件在室温中冷却不少于 1.5 h,然后用热刮刀刮除高出试模的沥青,使沥青面与试模面齐平。沥青的刮法应自试模的中间刮向两端,且表面应刮得平滑。将试模连同底板再浸入规定的试验温度的水槽中保温 1.5 h。

二、检查试验仪器的完好性

(1)延度仪:延度仪的测量长度不宜大于 150 cm,仪器应有自动控温、控速系统。应满足试件浸没于水中,能保持规定的试验温度及按照规定拉伸速度拉伸试件,且试验时无明显振动的延度仪均可使用,其组成如图 4.26 所示。

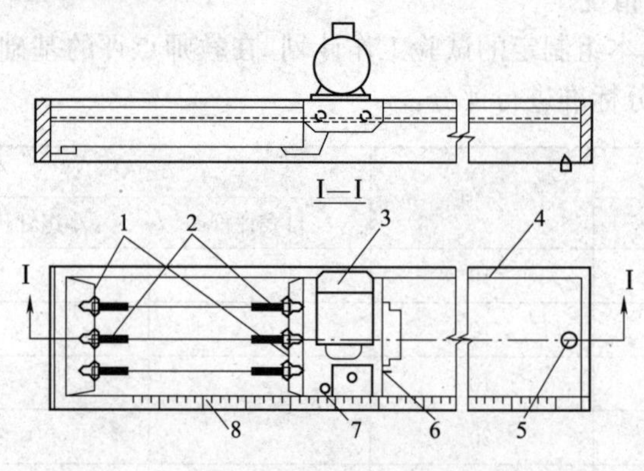

图 4.26 沥青延度仪

1—试模;2—试样;3—电机;4—水槽;5—泄水孔;
6—开关;7—指针;8—标尺

(2)试模:黄铜制,由两个端模和侧模组成,其形成及尺寸如图 4.27 所示。试模内侧表面粗糙度 Ra=0.2 μm,当装配完好后可浇铸试样。

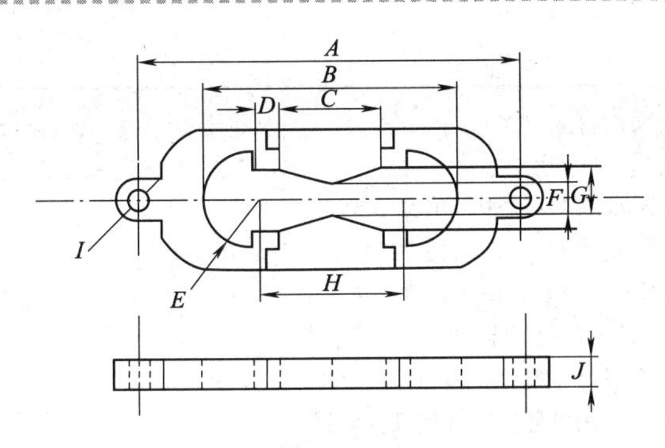

图 4.27　沥青延度试模(尺寸单位:mm)

A—两端模环中心点距离 111.5～113.5 mm;B—试件总长 74.5～75.5 mm;C—端模间距 29.7～30.3 mm;D—肩长 6.8～7.2 mm;E—半径 15.75～16.25 mm;F—最小横断面宽 9.9～10.1 mm;G—端模口宽 19.8～20.2 mm;H—两半园心间距离 42.9～43.1 mm;I—端模孔直径 6.5～6.7 mm;J—厚度 9.9～10.1 mm

(3)试模底板:玻璃板或磨光的铜板、不锈钢板(表面粗糙度 $Ra=0.2\ \mu m$)。

(4)恒温水槽:容量不少于 10 L,控制温度的准确度为 0.1 ℃,水槽中应设有带孔搁架,搁架距水槽底不得少于 50 mm。试件浸入水中深度不小于 100 mm。

(5)温度计:量程 0～50 ℃,分度值为 0.1 ℃。

(6)砂浴或其他加热炉具。

(7)甘油滑石粉隔离剂(甘油与滑石粉的质量比为 2∶1)。

(8)其他:平刮刀、石棉网、酒精、食盐等。

三、试验步骤

步骤	操作步骤	技术要点提示	操作记录及心得体会
1	按规定的方法准备试样 检查延度仪延伸速度是否符合规定要求,然后移动滑板使其指针正对标尺的零点。将延度仪注水,并保温达试验温度±0.1 ℃	教学中按 15℃试验 注意试件冷却、保温的时间和温度	
2	将保温后的试件连同底板移入延度仪的水槽中,然后将盛有试样的试模自玻璃板或不锈钢板上取下,将试模两端的孔分别套在滑板及槽端固定板的金属柱上,并取下侧模	水面距试件表面应不小于 25 mm	
3	开动延度仪,并注意观察试样的延伸情况。此时应注意,在试验过程中,水温应始终保持在试验温度规定范围内,且仪器不得有振动,水面不得有晃动	在试验中,如发现沥青细丝浮于水面或沉入槽底时,则应在水中加入酒精或食盐,调整水的密度至与试样相近后,重新试验	
4	当试件拉断时,读取指针所指标尺上的读数,以 cm 表示	在正常情况下,试件延伸时应成锥尖状,拉断时实际断面接近于零。如不能得到这种结果,则应在报告中注明	

续上表

步骤	操作步骤	技术要点提示	操作记录及心得体会
5	评定试验结果:(1)同一试样,每次平行试验不少于3个,如3个测定结果均大于100 cm,试验结果记为“>100 cm”;有特殊需要也可分别记录实测值。如3个测定结果中,有1个以上的测定值小于100 cm,若最大值或最小值与平均值之差满足重复性试验精密度要求,则取3个测定结果的平均值的整数作为延度试验结果,若平均值大于100 cm,记为“>100 cm”;若最大值或最小值与平均值之差不符合重复性试验精度要求时,试验应重新进行 (2)当试验结果小于100 cm时,重复性试验精度的允许误差为平均值的20%,再现性试验精度的允许误差为平均值的30%		
6	清洁整理仪器设备	良好卫生习惯的养成	

四、记录试验数据

沥青延度试验记录

<table>
<tr><td>试样编号</td><td colspan="3"></td><td>试样来源</td><td colspan="3"></td></tr>
<tr><td>试样名称</td><td colspan="3"></td><td>初拟用途</td><td colspan="3"></td></tr>
<tr><td rowspan="3">试验温度
T_0(℃)</td><td rowspan="3">延伸速度
v(m/min)</td><td colspan="4">延度 D(cm)</td><td colspan="2">拉伸情况描述</td></tr>
<tr><td>试件1</td><td>试件2</td><td>试件3</td><td>平均值</td><td colspan="2" rowspan="2"></td></tr>
<tr><td></td><td></td><td></td><td></td></tr>
<tr><td>准确度校核</td><td colspan="7"></td></tr>
</table>

试验者________ 组别________ 成绩________ 试验日期________

五、评价试验过程

以小组为单位,展示本组试验结果。根据以下评分标准进行评分。

<table>
<tr><td colspan="2" rowspan="2">评价内容</td><td rowspan="2">分值</td><td colspan="3">评　分</td></tr>
<tr><td>自我评价</td><td>小组评价</td><td>教师评价</td></tr>
<tr><td rowspan="4">材料准备</td><td>按规定的方法准备试样</td><td rowspan="4">20</td><td rowspan="4"></td><td rowspan="4"></td><td rowspan="4"></td></tr>
<tr><td>准备好的试样是否放在15～30 ℃室温中冷却不少于1.5h</td></tr>
<tr><td>准备做试验的试样是否放在25℃的恒温水槽1.5 h以上</td></tr>
<tr><td>三氯乙烯溶剂、甘油滑石粉隔离剂的准备</td></tr>
<tr><td rowspan="4">仪器检查准备</td><td>检查延度仪延伸速度是否符合规定要求</td><td rowspan="4">20</td><td rowspan="4"></td><td rowspan="4"></td><td rowspan="4"></td></tr>
<tr><td>延度仪注水,并保温达试验温度(15±0.1)℃</td></tr>
<tr><td>移动滑板使其指针正对标尺的零点</td></tr>
<tr><td>延度仪电脑程序设置正常</td></tr>
</table>

续上表

评价内容		分值	评分		
			自我评价	小组评价	教师评价
试验操作	将保温后的试件连同底板移入延度仪的水槽中	25			
	将试模两端的孔分别套在滑板及槽端固定板的金属柱上，并取下侧模				
	开动延度仪，水温应始终保持在试验温度规定范围内，仪器不得有振动，水面不得有晃动				
	沥青细丝浮于水面时，在水中加入酒精，调整水的密度至与试样相近后，重新试验				
	沥青细丝沉入槽底，在水中加入食盐，调整水的密度至与试样相近后，重新试验				
试验结果	数据的取值	25			
	计算公式				
	结果评定				
	是否有涂改				
	试验报告完整				
安全文明操作	遵守安全文明试验规程	10			
	试验完成后认真清理仪器设备及现场				
扣分及原因分析					
合　计					

学习项目四　沥青软化点试验

4.1　沥青软化点试验前的准备

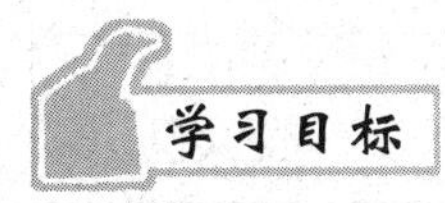

1. 明确沥青软化点检测的试验目的。
2. 熟悉沥青软化点检测指标所使用的仪器设备。
3. 熟悉沥青软化点检测标准，牢记试验步骤。
4. 能根据任务要求和试验步骤，合理制定试验工作计划。

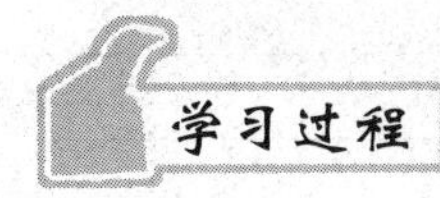

一、写出沥青软化点最新检测标准名称和代号

二、学习沥青软化点检测的有关内容知识

沥青的软化点试验是试样在规定尺寸的金属环内，其上放规定尺寸和质量的钢球，然后

均放于水或甘油中，以每分钟升高 5 ℃的速度加热至软化下沉达规定距离(25.4 mm)时的温度，以 ℃表示。

三、认识沥青软化点检测的仪器设备(见图 4.28～图 4.30)

图 4.28　沥青软化点测量仪　　图 4.29　钢球及试样环　　图 4.30　钢球、试样环及定位环

四、制定小组试验工作计划

查阅相关试验标准，了解试验任务的基本步骤，根据任务要求，结合试验室仪器设备的实际情况，制定小组试验工作计划。

沥青软化点试验工作计划

1. 人员分工

(1)小组负责人：____________________。

(2)小组成员及分工。

姓　名	分　工

2. 工具及材料清单

序　号	工具或材料名称	单　位	数　量	备　注

五、评价试验准备情况

以小组为单位，展示本组制定的试验工作计划，在教师点评的基础上对试验计划进行修改完善，并根据以下评分标准进行评分。

评价内容	分值	评　分		
		自我评价	小组评价	教师评价
计划制定是否有条理	10			
计划是否全面、完善	10			
人员分工是否合理	10			
任务要求是否明确	20			
工具清单是否正确、完整	20			
材料清单是否正确、完整	20			
团结协作	10			
合　计				

4.2　沥青软化点试验及试验报告完成

学习目标

1. 能制作沥青软化点试件，正确使用沥青软化点测定仪。
2. 能正确判断并处理试验操作过程中出现的异常问题。
3. 能正确清洗试验仪器，将仪器归位并清理现场。
4. 能正确填写试验报告并判定试验结果。

学习过程

一、制作软化点试验沥青试件

将甘油滑石粉隔离剂（甘油与滑石粉的质量比为 2∶1）拌和均匀，将试样环置于涂有甘油滑石粉隔离剂的试样底板上。按规定方法将准备好的沥青试样缓缓注入试样环内至略高出环面为止。

如估计试样软化点高于 120 ℃，则试样环和试样底板（不用玻璃板）均应预热至 80～100 ℃。

试样在室温冷却 30 min 后，用环夹夹着试样杯，并用热刮刀刮除环面上的试样，使与环面齐平。

二、检查试验仪器的完好性

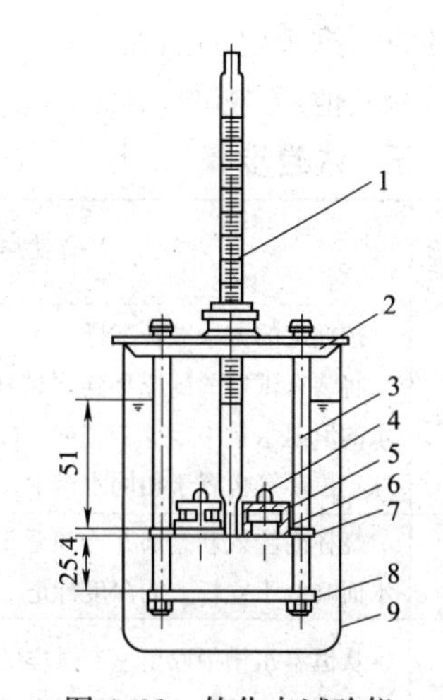

图 4.31　软化点试验仪
（尺寸单位：mm）
1—温度计；2—上盖板；3—立杆；4—钢球；5—钢球定位环；6—金属环；7—中层板；8—下层板；9—烧杯

(1)软化点试验仪：如图 4.31 所示，由下列部件组成。

①钢球：直径 9.53 mm，质量(3.5±0.05) g。

②试样环：黄铜或不锈钢等制成。

③钢球定位环：黄铜或不锈钢制成。

④金属支架：由两个主杆和三层平行的金属板组成。

上层为一圆盘，直径略大于烧杯直径，中间有一圆孔，用以插放温度计。中层板形状尺寸如图 4.32 所示，板上有两个孔，各放置金属环，中间有一小孔可支持温度计的测温端部。一侧立杆距环上面 51 mm 处刻有水高标记。环下面距下层底板为 25.4 mm，而下底板距烧杯底不少于12.7 mm，也不得大于 19 mm。三层金属板和主杆由两螺母固定在一起。

⑤耐热玻璃烧杯：容量 800～1 000 mL，直径不小于86 mm，高不于 120 mm。

⑥ 温度计：量程 0～80 ℃，分度值 0.5 ℃。

(2)环夹：由薄钢条制成，用以夹持金属环，以便刮平表面，其形状、尺寸如图 4.33 所示。

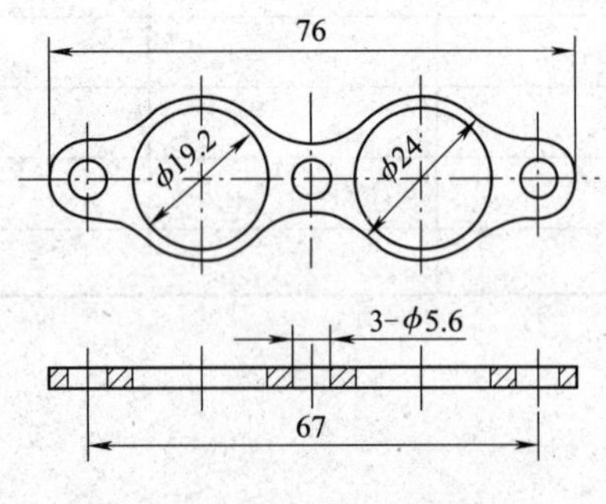

图 4.32　中层板(尺寸单位：mm)

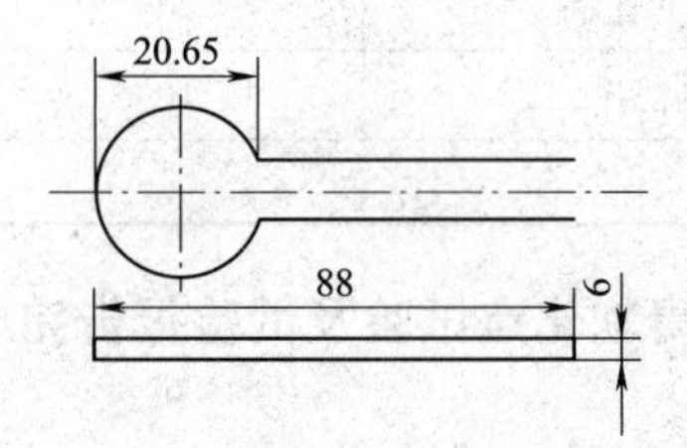

图 4.33　环夹(尺寸单位：mm)

(3)装有温度调节器的电炉或其他加热炉具(液化石油气、天然气等)。应采用带有振荡搅拌器的加热电炉，振荡器置于烧杯底部。

(4)试样底板：金属板(表面粗糙度 *Ra* 应达到 0.8 μm)或玻璃板。

(5)恒温水槽：控温的准确度为±0.5 ℃。

(6)平直刮刀。

(7)甘油滑石粉隔离剂(甘油与滑石粉的质量比为 2∶1)。

(8)新煮沸过的蒸馏水。

(9)其他：石棉网。

三、试验步骤

步骤	操作步骤	技术要点提示	操作记录及心得体会
1	按规定的方法准备试样 将装有试样的试样环连同试样底板置于(5±0.5) ℃水的恒温水槽中至少 15 min；同时将金属支架、钢球、钢球定位环等也置于相同水槽中	教学中沥青试样软化点在 80 ℃以下，按 5℃开始试验 注意试件保温的时间和温度	
2	烧杯内注入新煮沸并冷却至 5 ℃的蒸馏水或纯净水，水面略低于立杆上的深度标记		
3	从恒温水槽中取出盛有试样的试样环放置在支架中层板的圆孔中，套上定位环；然后将整个环架放入烧杯中，调整水面至深度标记，并保持水温为(5±0.5) ℃。环架上任何部分不得附有气泡。将 0～100 ℃的温度计由上层板中心孔垂直插入，使端部测温头底部与试样环下面齐平		

续上表

步骤	操作步骤	技术要点提示	操作记录及心得体会
4	将盛有水和环架的烧杯移至放在石棉网的加热炉具上，然后将钢球放在定位环中间的试样中央，立即开动振荡搅拌器，使水微微振荡，并开始加热，使杯中水温在3 min内调节至维持每分钟上升(5±0.5) ℃	在加热过程中，应记录每分钟上升的温度值。如温度上升速度超出每分钟上升(5±0.5) ℃范围，则试验应重做	
5	试样受热软化逐渐下坠，至与下层底板表面接触时，立即读取温度，准确到0.5 ℃		
6	评定试验结果：同一试样平行试验两次，当两次测定值的差值符合重复性试验允许误差要求时，取其平均值作为软化点试验结果，准确至0.5 ℃	当试样软化点小于80 ℃时，重复性试验的允许误差为1 ℃，再现性试验的允许差为4 ℃	
7	清洁整理仪器设备	良好卫生习惯的养成	

四、记录试验数据

沥青软化点试验记录

<table>
<tr><td colspan="2">试样编号</td><td colspan="11"></td><td colspan="3">试样来源</td><td colspan="6"></td></tr>
<tr><td colspan="2">试样名称</td><td colspan="11"></td><td colspan="3">初拟用途</td><td colspan="6"></td></tr>
<tr><td rowspan="2">试验次数</td><td rowspan="2">室内温度(℃)</td><td rowspan="2">烧杯内液体种类</td><td rowspan="2">开始加热时间(s)</td><td rowspan="2">开始加热液体温度</td><td colspan="15">烧杯中液体在下列各分钟末温度上升记录(℃)</td><td rowspan="2">试样下垂与下层底板接触时的温度(℃)</td><td rowspan="2">软化点(℃)</td></tr>
<tr><td>1</td><td>2</td><td>3</td><td>4</td><td>5</td><td>6</td><td>7</td><td>8</td><td>9</td><td>10</td><td>11</td><td>12</td><td>13</td><td>14</td><td>15</td></tr>
<tr><td>1</td><td></td><td></td><td></td><td></td><td colspan="15"></td><td></td><td rowspan="2"></td></tr>
<tr><td>2</td><td></td><td></td><td></td><td></td><td colspan="15"></td><td></td></tr>
<tr><td colspan="2">准确度校核</td><td colspan="20"></td></tr>
</table>

试验者________　　组别________　　成绩________　　试验日期________

五、评价试验过程

以小组为单位，展示本组试验结果。根据以下评分标准进行评分。

<table>
<tr><td colspan="2" rowspan="2">评 价 内 容</td><td rowspan="2">分值</td><td colspan="3">评　　分</td></tr>
<tr><td>自我评价</td><td>小组评价</td><td>教师评价</td></tr>
<tr><td rowspan="4">材料准备</td><td>按规定的方法准备试样</td><td rowspan="4">20</td><td rowspan="4"></td><td rowspan="4"></td><td rowspan="4"></td></tr>
<tr><td>准备好的试样是否放在15～30 ℃室温中冷却30 min刮平</td></tr>
<tr><td>准备做试验的试样是否放在(5±0.5) ℃的恒温水槽1.5 h以上</td></tr>
<tr><td>三氯乙烯溶剂、甘油滑石粉隔离剂的准备</td></tr>
</table>

续上表

评价内容		分值	评分		
			自我评价	小组评价	教师评价
仪器检查准备	恒温水槽水温(5±0.5)℃	20			
	烧杯内液体温度(5±0.5)℃				
	加热速度每分钟上升(5±0.5)℃				
	振荡搅拌器正常				
试验操作	从恒温水槽中取出盛有试样的试样环放置在支架中层板的圆孔中,套上定位环	25			
	将整个环架放入烧杯中,调整水面至深度标记,并保持水温为(5±0.5)℃				
	将钢球放在定位环中间的试样中央,将盛有水和环架的烧杯进行加热,开动振荡搅拌器				
	杯中水温在3 min内调节至维持每分钟上升(5±0.5)℃				
	试样受热软化下坠至与下层底板表面接触时,准确读取温度				
试验结果	数据的取值	25			
	计算公式				
	结果评定				
	是否有涂改				
	试验报告完整				
安全文明操作	遵守安全文明试验规程	10			
	试验完成后认真清理仪器设备及现场				
扣分及原因分析					
合计					

学习项目五　石油沥青检测项目的总结与评价

1. 能以小组形式,对学习过程和实训成果进行汇报总结。
2. 完成对学习过程的综合评价。

一、工作总结

以小组为单位,选择演示文稿、展板、海报、录像等形式中的一种或几种,向全班展示,汇报学习成果。

二、综合评价

评价项目	评价内容	评价标准	评价方式		
			自我评价	小组评价	教师评价
职业素养	安全意识、责任意识	A. 作风严谨、自觉遵章守纪、出色完成试验任务 B. 能够遵守规章制度、较好地完成试验任务 C. 遵守规章制度、没完成试验任务或完成试验任务、但忽视规章制度 D. 不遵守规章制度、没完成试验任务			
	学习态度主动	A. 积极参与教学活动，全勤 B. 缺勤达本任务总学时的 10% C. 缺勤达本任务总学时的 20% D. 缺勤达本任务总学时的 30%			
	团队合作意识	A. 与同学协作融洽、团队合作意识强 B. 与同学能沟通、协同试验能力较强 C. 与同学能沟通、协同试验能力一般 D. 与同学沟通困难、协同试验能力较差			
专业能力	学习活动 明确工作任务	A. 按时、完整地完成工作页，问题回答正确 B. 按时、完整地完成工作页，问题回答基本正确 C. 未能按时完成工作页，或内容遗漏、错误较多 D. 未完成工作页			
	学习活动 试验前的准备	A. 学习活动评价成绩为 90～100 分 B. 学习活动评价成绩为 75～89 分 C. 学习活动评价成绩为 60～74 分 D. 学习活动评价成绩为 0～59 分			
	学习活动 试验及试验 报告完成	A. 学习活动评价成绩为 90～100 分 B. 学习活动评价成绩为 75～89 分 C. 学习活动评价成绩为 60～74 分 D. 学习活动评价成绩为 0～59 分			
创新能力		学习过程中提出具有创新性、可行性的建议	加分奖励		
班级			学号		
姓名			综合评价等级		
指导教师			日期		

参考文献

[1]闫宏生.工程材料[M].2版.北京:中国铁道出版社,2017.
[2]刘强,宋杨.土木工程材料[M].北京:人民交通出版社,2014.
[3]王丽梅,程达峰.土木工程试验实训指导[M].北京:人民交通出版社,2014.
[4]白燕,刘玉波.建筑工程材料检测[M].北京:机械工业出版社,2012.
[5]张炳岭.金属材料及加工工艺[M].北京:机械工业出版社,2012.
[6]王世芳.建筑材料[M].武昌:武汉大学出版社,2000.
[7]韩仁海,白福祥.道路与铁道工程试验检测技术[M].北京:人民交通出版社,2010.
[8]余寒.电动机继电控制线路安装与检修[M].北京:中国劳动社会保障出版社,2013.
[9]欧阳柳章.材料管理[M].北京:冶金工业出版社,2008.
[10]俞伟辉,吴贻猛.试验工[M].武汉:武汉理工大学出版社,2012.
[11]通用硅酸盐水泥:GB 175—2007.北京:中国标准出版社,2008.
[12]普通混凝土用砂、石质量及检验方法标准:JGJ 52—2006.北京:中国建筑工业出版社,2006.
[13]普通混凝土拌和物性能试验方法标准:GB/T 50080—2002.北京:中国建筑工业出版社,2003.
[14]普通混凝土力学性能试验方法标准:GB/T 50081—2002.北京:中国建筑工业出版社,2003.
[15]混凝土用水标准:JGJ 63—2006.北京:中国建筑工业出版社,2006.
[16]混凝土结构设计规范:GB 50010—2010.北京:中国建筑出版社,2011.
[17]公路工程水泥及水泥混凝土试验规程:JTG E 30—2005.北京:人民交通出版社,2005.
[18]普通混凝土配合比设计规程:JGJ 55—2011.北京:中国建筑出版社,2011.
[19]碳素结构钢:GB/T 700—2006.北京:中国质检出版社,2007.
[20]公路工程沥青及沥青混合料试验规程:JTJ 052—2011.北京:人民交通出版社,2011.
[21]建筑石油沥青:GB/T 494—2010.北京:中国标准出版社,2011.
[22]公路工程集料试验规程:JTG E 42—2005.北京:人民交通出版社,2005.
[23]建筑砂浆基本性能试验方法:JGJ/T 70—2009.北京:中国建筑工业出版社,2009.
[24]建筑砂浆配合比设计规程:JGJ/T 98—2000.北京:中国建筑工业出版社,2001.
[25]铁路混凝土与砌体工程施工质量验收标准:TB 10424—2003.北京:中国铁道出版社,2004.
[26]铁路混凝土与砌体工程施工规范:TB 10210—2001.北京:中国铁道出版社,2001.